放射性去污

罗上庚　张振涛◎著

哈爾濱工程大學出版社
Harbin Engineering University Press

内容简介

本书分13章，阐述了放射性去污的机理、优选、限值、监测、评估和培训等要旨。介绍了当今世界广泛应用的和新开发的去污技术和设备，包括沿用的物理法去污、化学法去污、电化学法去污、熔炼法去污、生物法去污、超声波去污等技术以及新兴的干冰去污、微波去污、激光去污、等离子体去污、可剥离膜去污、凝胶去污、泡沫去污等技术；介绍了超临界水氧化处理、蒸汽重整处理和机器人去污等设备。特别阐述了国内外广泛关注的重点和热点去污，如铀矿冶尾矿和废石、废弃混凝土、废弃放射源、核设施退役的去污（如热室、高放废液槽罐、污染土、废石墨等的去污）以及人体放射性污染去污与世界难点氚污染的去污等。

本书简要介绍了三大国际核电事故（美国三哩岛核电站事故、苏联切尔诺贝利核电站事故、日本福岛核电站事故）的放射性污染和处理。还阐述了放射性污染的预防，实现"未病先防，防患于未然"，及废钢铁、废电缆、废混凝土的再循环/再利用，实现废物"减量化、无害化、资源化"的技术和经验。本书内容广泛，反映了国内外放射性去污的新动向、新理念、新技术和新经验。

本书有3个附录，附录A列出了近30年来放射性去污相关参考文献资料的题目索引；附录B列出了放射性去污相关的国内外法律法规标准，方便读者查找和应用；附录C列出了放射性去污测试题，方便读者自测自查。

本书可供核电、核燃料循环、核技术应用和生态环保部门的相关技术人员和管理人员参考，也可供有关专业的高等院校的教师、本科生和研究生参考，还可供与放射性污染利益相关者参考。

图书在版编目(CIP)数据

放射性去污 / 罗上庚，张振涛著. — 哈尔滨：哈尔滨工程大学出版社，2023.12
ISBN 978-7-5661-4175-0

Ⅰ. ①放… Ⅱ. ①罗… ②张… Ⅲ. ①放射性污染-污染防治 Ⅳ. ①X591

中国国家版本馆 CIP 数据核字(2023)第235719号

选题策划 石　岭
责任编辑 张　昕　石　岭
封面设计 李海波

出版发行 哈尔滨工程大学出版社
社　　址 哈尔滨市南岗区南通大街145号
邮政编码 150001
发行电话 0451-82519328
传　　真 0451-82519699
经　　销 新华书店
印　　刷 哈尔滨午阳印刷有限公司
开　　本 787 mm×1 092 mm　1/16
印　　张 12.5
字　　数 284千字
版　　次 2023年12月第1版
印　　次 2023年12月第1次印刷
书　　号 ISBN 978-7-5661-4175-0
定　　价 168.00元
http://www.hrbeupress.com
E-mail:heupress@hrbeu.edu.cn

序

核能是一种低碳、高效、清洁的能源，核技术是一种高附加值的科学技术。核能和核技术的开发利用，不仅为人类提供了能源、创造了福祉，还促进了科学技术的发展，因此受到人们的青睐。

核能、核技术的开发利用给人们带来巨大好处的同时，不可避免地会产生放射性废物和放射性污染。放射性废物的处理/处置离不开放射性的去污，核设施退役更需要进行放射性去污。

本书全面阐述了去污的机理、优选、限值、监测、评估和培训等。介绍了当今世界广泛应用的和新开发的各种去污技术。特别介绍了国内外重点关注的去污问题，如铀矿冶尾矿和废石，废弃放射源，核设施退役热室去污、高放废液槽罐去污、混凝土去污、污染土去污、废石墨去污等热点项目。

本书除介绍了各种去污方法之外，还讲述了许多放射性污染的预防，实现“未病先防，防患于未然”，及实现“减量化、无害化、资源化”的技术和经验，颇有意义和特色。

本书附录列出了放射性去污相关的参考文献资料的题目索引，以及与放射性去污相关的国内外法律法规标准和测试题，方便读者参考使用，特别对青年读者有所帮助。

本书从实际出发，系统全面地阐述了国内外放射性去污的先进技术经验，内容丰富、实用性强。本书的出版将对高效、安全、经济去除放射性污染，保护生态环境，保护作业人员和公众的安全与健康，促进核工业的可持续发展起到良好的作用。

中国科学院院士 王方定

2023，11，15

前　言

放射性废物的处理/处置离不开放射性去污，核设施退役更需要进行放射性去污。随着时代的进步，核设备要更新换代，老旧核设施要退役；随着人们健康水平和环境保护标准的提高，放射性去污越来越受到人们的重视。为了迎接核设施退役高潮的到来，促进放射性废物减量化、无害化和资源化，促进核能开发和核技术利用的持续发展，特著此书。

本书共13章，内容整体上可分为四部分：

第一部分讲述了放射性污染的产生，放射性污染形成的机制，放射性去污的本质等；阐述了放射性去污方法选择的原则和关注要点；介绍了放射性表面污染的限值，去污效果测定方法与计算，以及去污效果的评价；推荐了去污工作人员的培训要求和培训内容。

第二部分系统阐述放射性去污方法和设备，介绍了现在应用的物理法、化学法、电化学法、熔炼法、生物法等去污方法，包括它们的原理、工作参数、应用和主要优缺点。特别是对当前用得较多的高压射流去污、干冰去污、激光去污、电解去污、可剥离膜去污和金属熔炼去污等有较多阐述；对新开发研究的超临界水氧化去污、超临界萃取去污、蒸汽重整去污和微生物与植物去污做了介绍。特别要指出的是，本书对机器人去污和极短寿命核素的贮存衰变去污做了专门阐述。其中机器人去污对核设施的退役，尤其是核电站的退役，将会有广泛的应用前景。

第三部分介绍了特种对象的去污，阐述国内外重点关注的若干去污问题，如：铀矿冶产生的大量尾矿和废石，有长期患害影响；废弃的放射源是安全隐患，一旦发生事件/事故，有可能造成放射性污染扩散，需做防患于未然的准备；介绍了人体体表放射性污染的清洗去污和对进入体内污染核素的促排。现在世界范围内核设施退役高潮已经到来，本书介绍了热室去污、高放废液槽罐去污、混凝土去污、废石墨去污、污染土去污等热点去污技术。根据收集的材料，对美国三哩岛核电站事故、苏联切尔诺贝利核电站事故和日本福岛核电站事故三大国际核电事故的放射性去污做了介绍。

第四部分包含3个附录，附录A提供了国外发表的有关去污的参考文献资料，含近30年来，主要是21世纪发表的230篇去污文献资料（给出了中英文题目、出处与发表时间），这些文献资料介绍各种去污工艺、设备和应用，其中有不少篇为综述评论，颇有实用性，方便读者查找和应用。附录B列出了放射性去污相关的国内外法律法规标准，其中含有与去污相关的国家法律、国务院发布的行政法规、国家国防科技工业局和国家核安全局发布的相关规章和标准，以及相关的国家标准和行业标准，还包含9个重要相关国际法律。此外，还给出了对查找方法的备注，方便读者查找和使用。附录C列出了100多道放射性去污测试题，方便读者自测自查，提高对法律法规和标准及基本概念、基础知识等方面的了解、熟悉和掌握程度。

本书的出版，旨在推进高效、安全、经济治理放射性污染，保护生态环境，保护作业人员与公众的安全与健康，促进核工业的可持续发展。

与传统写法有点不同，本书不只是阐述已污染物的去污，除了介绍各种去污方法外，还讲述了许多污染的预防。例如，对于铀矿冶的尾矿和废石以及废弃的放射源，推荐加强防御工程和强化监管措施；对于核设施退役，介绍挖土时设水炮喷雾，切割拆卸时装喷雾和火花捕集筛等防污染扩散、防火灾措施，多措并举，突出强调"未病先防，防患于未然"。对于反应堆运行，介绍了不停堆去污和维护乏燃料元件贮存水池水质的经验，减少和防止乏燃料元件破损泄漏而导致放射性污染的产生与扩散，降低后续的去污负担。本书较多阐述了对废钢铁、废电缆、废混凝土的去污后再利用，以及对废石墨的去污处理，对高放废液槽罐的清污处理与安全处置等，这都是核设施退役高潮到来背景下，业界人士和公众高度关注的热点。本书介绍了很多国内外放射性去污的新资料。

周连全、王拓、潘英杰、肖雪夫等四位专家审读了全书或部分章节，对他们的热心指教和大力支持，致以衷心感谢。此外，核工业研究生部刘丽君提供了国内去污资料，中国核科技信息与经济研究院陈亚君提供了参考文献资料，生态环境部吴迪提供了法律法规和标准资料，苏州热工研究院有限公司吴树辉和中国原子能科学研究院放射化学研究所提供了激光去污资料，中国原子能科学研究院退役治理工程技术中心王文、放射化学研究所张怡分别提供了机器人资料和污染土清污资料等，对他们的支持和帮助，在此一并表示诚挚感谢！

放射性去污是一门发展中的科学技术，涉及面广、差异性大、变化多、发展快，本书难免有疏漏和不当之处，敬请赐教指正。

罗上庚

目　　录

第1章　绪　　论

在核工业和核科学技术领域,无论是核电和核技术利用,还是核工业生产与核科学研究,或是核武器的研发与试验,都要与放射性核素打交道,这一过程中难免会产生含放射性核素的气体、液体和固体物质,对设备、工具、场所,甚至人体造成放射性污染。因此,进行放射性去污,不仅在发生核事件和核事故时必不可少,在正常生产运作情况下也不可或缺。放射性去污对保护人体健康、保护生态环境与促进核能和核技术利用的可持续发展,都有着十分重要的意义。

放射性和辐射本是自然现象,但 1896 年贝可勒尔由辐射作用发现放射性后,放射性和辐射领域迅速发展,核技术被推广应用。人们逐渐认识到放射性是把双刃剑,它既可用来为人类谋幸福,也会给人类带来某些危害。

核燃料循环过程(图 1. 1)是产生放射性污染的主要源头,许多核工业厂矿企事业的生产和运行都可能产生放射性污染。

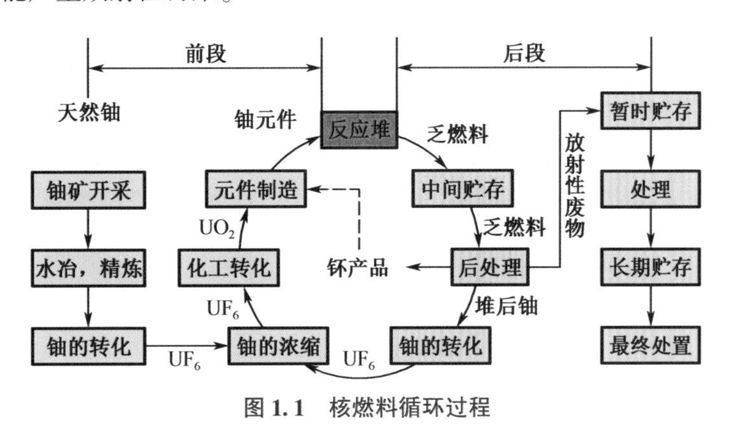

图 1.1　核燃料循环过程

核厂矿企业与核科学研究所,核燃料循环过程涉及的放射性核素种类很多,典型的核设施生产运行和研究活动涉及的重要核素如表 1. 1 所示。

表 1.1　典型的核设施生产运行和研究活动涉及的重要核素

核设施	重要核素
核电厂	^{60}Co, ^{137}Cs, ^{90}Sr, ^{110m}Ag, ^{3}H, ^{131}I, 等
乏燃料后处理厂	^{3}H, ^{106}Ru, ^{90}Sr, ^{137}Cs, ^{239}Pu, ^{237}Np, ^{241}Am, ^{85}Kr, ^{129}I, ^{85}Kr, ^{99}Tc, ^{14}C, 等
铀矿冶厂	铀, ^{226}Ra, ^{222}Rn, ^{220}Rn, ^{210}Po, ^{210}Pb, 等
核研究中心	^{3}H, ^{60}Co, ^{137}Cs, ^{90}Sr, ^{131}I, 铀, 钚, 等

各类核设施运行涉及的设备、系统、场所和建筑物(包括人体),都有可能不同程度地受放射性污染,需要去污。还有,核设施退役更少不了去污。因此,去污是核能和核技术开发利用与涉核研发活动不可或缺的环节。随着科学技术的发展和社会的进步,要求废物减量化、无害化和资源化,这对放射性去污提出了更高、更难、更广和更多的要求。

多年来,放射性去污是用物理、化学、熔炼或生物等方法去除或降低放射性污染的过程。从广义来说,去污就是把放射性物质从不希望其存在的部位全部或部分去除。去污需要花费代价,这包括需要购置一定的设备和材料,需要消耗一定人力、财力和物力,以及去污操作人员可能受到辐射照射,去污过程还会产生二次废物。去污产生的二次废物应尽可能地少,并且容易处理和处置。理想情况是,放射性污染应去污到本底水平,但是否都有这样的必要和是否可以实现,要从实际出发,要做代价-利益分析。去污处理产生的废物要进行适当处理,产生的废气和废液经净化处理达标后,可以向大气或水体排放或返回工艺过程使用,固体废物可以解除审管控制(清洁解控),或进行填埋处置、近地表处置(图 1.2)。

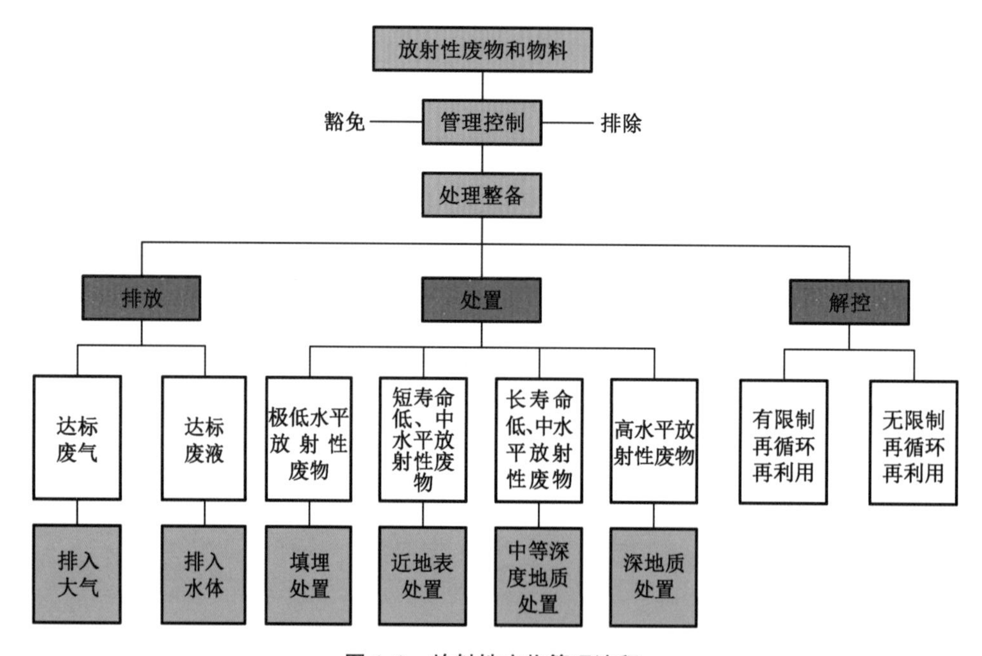

图 1.2 放射性废物管理流程

自美国 1945 年在内华达州进行第一次核武器试验后,全世界进行过 2 000 多次核试验,绝大多数为美国和苏联所为,早前的核试验在大气层进行。据统计,国际大气层核试验 543 次,共 440 Mt TNT 当量,地下核试验 1 876 次,共 90 Mt TNT 当量。封闭较好的地下核爆炸产生的剂量或对参试人员及公众造成的剂量负担都很小,但偶然情况下,会发生泄漏和气体逸放,放射性物质从地下泄出造成了局部范围的污染。美国内华达州试验场进行的 500 多次地下核试验,有 32 处发生了泄漏,释放出 5×10^{15} Bq 碘-131,对周围公众产生的总集体有效剂量达到 50 人 · Sv。20 世纪 80 年代以后,大气层核试验被禁止,因为大气层核试验“蘑菇云”升天,产生的落下灰会造成地面大面积放射性污染。现在,随着时间的推移,放射性核素的衰变,大气层核试验的落下灰对地球的影响越来越小。关于核武器试验放射性污染的消洗与清除不在本书中阐述。宇宙射线以及地壳中含有的来自铀、钍和锕的衰变系列核素及钾-40 等天然放射性核素,它们以很低的浓度散布在岩石、土壤、地下水和大气中,产生了人人所受到的天然本底辐射水平的照射;煤炭、石油、天然气和大理石、磷灰石、钙钛锆石等的开采,产生少量放射性核素的积累,这些核素污染去除,也不在本书中论述。但是,本书所介绍的放射性去污方法,许多具有共适性和公用性。

第2章　放射性污染

核设施设备、系统和厂房，受到射线照射、中子活化、高温、高压、酸浸、水泡、腐蚀、溶化、老化、风化等作用，天长日久会发生降解、裂纹和破损，造成泄漏和崩塌，导致生产放射性物质的场所与设备、使用和操作放射性物质的人员受到放射性污染的危害。

2.1　放射性污染的产生

产生放射性污染的原因很多，主要有以下几种：

(1)放射性气体和气溶胶的逸出和扩散；

(2)放射性液体的跑、冒、滴、漏；

(3)交叉污染；

(4)中子活化作用；

(5)运输过程中货包洒漏或失落；

(6)发生事件或事故；

(7)人为破坏活动(如恐怖分子制造核恐怖事件、爆炸脏弹)；

(8)核武器生产和试爆活动(不在本书讨论)。

放射性污染程度与核素种类、放射性活度水平、形态、理化特性、温度、酸碱度和被污染物的类型、性质、表面状况，以及与放射性物质的接触时间等很多因素有关，且差别甚大。

放射性污染不只发生在核设施内部，涉及核工业厂矿和核研究所，包括开采、生产、试验、使用放射性物质以及进行科学研究等活动的工作人员，还可能影响相关联的公众和环境。如果发生核安全事故，则更少不了发生放射性污染。

2.2　放射性污染的形成机制

放射性污染的形成，一般来说，由表面污染向体污染发展。造成放射性污染的核素可能是离子、分子、颗粒物或胶体。造成放射性污染核素的载体可能是尘埃、垢物、氧化膜层、油漆或涂料。放射性污染形成的机制主要分为：

(1)沉积和附着作用;

(2)吸附和离子交换作用;

(3)表面静电作用;

(4)扩散渗透作用。

放射性污染有的是瞬时形成的,有的是长时间缓慢形成的,有的是在高温、高压条件下形成的。除了上述形成机制外,还存在同位素交换作用和电化学作用两种形成机制。由于污染核素滞留的长久性和其周围介质的多样性,发生同位素交换反应和电化学反应是完全有可能的。此外,污染核素与周围介质因为发生氧化还原反应而沉积,因为发生络合反应(或配合反应)而固结也是有可能的,这些反应促使放射性污染水平增强,所以去污处理早下手为好。对于短寿命核素,贮存衰变是非常有效的办法,不需要去污,许多医用同位素,如^{99m}Tc、^{18}F 等采用贮存衰变后放射性污染就降没了。但是对于具有较长半衰期的核素,贮存衰变的办法比较耗时,并且有的核素还会因为产生子体使放射性污染水平大大增强,如^{226}Ra 产生了^{210}Po,^{239}Pu 产生了^{241}Am 等。

2.3　放射性污染的分类

放射性污染一般可分为以下三类:

(1)非固定性污染,即附着性污染,由污染核素在物体表面上沉积和附着造成。这类污染容易用简单的物理方法,如擦拭、高压水喷射等方法去除。非固定性污染容易造成放射性污染物的扩散和转移,因此更受人们的关注。

(2)弱固定性污染,即污染核素以分子或离子形式通过物理吸附、化学反应或离子交换的方式结合在物体表面,这类污染较难清除。

(3)强固定性污染,即污染核素通过扩散或其他过程渗入基体材料的内部,这类污染很难清除。

退役核设施所受的多为固定性污染。因为这类设施服役时间长,放射性核素污染渗透较深和结合较牢固,常需要用强去污剂和综合法进行去污。

第3章 放射性污染的去除

2007年,欧洲原子能联营、联合国粮食及农业组织、国际原子能机构、国际劳工组织、国际海事组织、经济合作与发展组织核能署、泛美卫生组织、联合国环境规划署、世界卫生组织等9个国际组织联合制定的10项《基本安全原则》保留了国际原子能机构发布的《放射性废物管理原则》(安全丛书No.111-F,1995年)中的"原则7,控制放射性废物的产生",要求放射性废物的产生必须可合理达到最小化。放射性污染的去除是实现废物的产生最小化的基本环节,是实现以上几个国际组织提出的10项《基本安全原则》的重要措施。

放射性核素不能通过化学反应、加热、加压、光照、生物降解等化学、物理或生物的方法消除,而只能通过其自身固有的衰变规律来降低放射性水平和达到无害化。每种放射性核素都有自己的衰变常数 λ 这是放射性核素固有的特性常数。放射性核素以指数规律衰减:

$$A_t = A_o e^{-\lambda t}$$

$$-dA_t = \lambda A_t dt$$

$$\lambda = -\frac{dA_t/dt}{A_t}$$

式中 A_o——放射性核素初始活度;

A_t——经过 t 时间后的放射性核素活度;

λ——放射性核素固有的衰变常数。

如果一种核素同时有几种衰变模式,则该核素的总衰变常数 λ 是各个分支衰变常数 λ_i 之和,即为

$$\lambda = \sum_i \lambda_i$$

每种放射性核素还有另外一个特性常数,它表征放射性核素衰减的快慢,放射性核素数衰减到一半所需的时间称为该核素的半衰期 $T_{1/2}$,单位有s、min、h、d、a等。

$$T_{1/2} = \ln 2/\lambda = 0.693/\lambda$$

由此可见,$T_{1/2}$ 和 λ 成反比,半衰期越长,衰减越慢;半衰期越短,衰减越快。有的核素半衰期很短,不到千分之一秒;有的核素半衰期很长,要几千万年。从半衰期的定义可推算,经过2个半衰期,放射性活度衰减到约1/4;经过10个半衰期,放射性活度衰减到约千分之一;经过20个半衰期,放射性活度衰减到约百万分之一。

由此可以看出,对于极短半衰期的核素,去污并不是必需的。例如医用放射性同位素 ^{99m}Tc 和 ^{18}F,半衰期极短,其放射性活度的消除,仅需很短的贮存衰变时间就可实现。

^{99m}Tc 是 ^{99}Mo 经 β^- 衰变的子体,半衰期为6.02 h,来源于钼-锝母牛(^{99}Mo-^{99m}Tc 发生器)。在临床单光子发射计算机断层成像(SPET)诊断疾病过程中,^{99m}Tc 被广泛用于甲状腺、腮腺、胃、肾、骨、脑、膀胱等器官的显像。在应用中使用的注射器、过滤器、针头、棉签、镊子、纸品、抹布等沾有放射性 ^{99m}Tc 的固体废物和没有用完的少量液体废物只要存放在专用容器中衰变一定时间,就可符合清洁解控条件,经审管部门批准,作为一般工业垃圾或医疗废物处理。^{18}F 半衰期为109.77 min,用于标记配体制成放射性药物,供正电子发射断层显像(PET)技术诊断脑、心脏、肾、肝、肺、胃、胸、骨髓、肠、脾、睾丸、卵巢、甲状腺等各器官疾病。制备和使用过程中产生的沾有 ^{18}F 的放射性废物,可采用与沾有 ^{99m}Tc 放射性废物类似的方法处理。

3.1　放射性去污的本质

放射性去污,实际上只是改变放射性核素存在形式和位置,并未从根本上消除放射性核素,这可用下式来表达:

$$S \cdot C^* + D \longrightarrow D \cdot C^* + S$$

式中　S——被污染的物体;

C*——造成污染的放射性核素;

D——所采用的去污物质。

造成污染的放射性核素通常存在于载体上,主要载体有物料垢、锈垢、尘垢、焦油垢、水垢等。

3.2　放射性去污的作用与意义

放射性去污至少有以下几点重要的作用与意义:

(1)降低放射性水平,提高操作安全性,减少工作人员受照剂量;

(2)保护公众健康和生态环境安全;

(3)降低辐射屏蔽和远距离操作的要求,方便检修和拆卸活动;

(4)降低或消除对探测的干扰影响;

(5)使设备、工具、材料、建筑物和场址可能再循环或再利用;

(6)减少放射性废物体积和活度,降低废物贮存、运输和处置的费用;

(7)减少需要处置废物的质量和体积,或使废物可以降级处置;

(8)有可能回收易裂变材料(如铀-235、铀-233、钚-239);

(9)方便核事件/事故的处理;

(10)方便退役活动,加快退役进程,降低退役工程费用;

(11)增加可利用的土地面积和资源。

3.3 二 次 废 物

二次废物是放射性废物管理、放射性废物处理和处置常用的名词术语,系指放射性废物管理、处理和处置过程产生的新废物。该新废物包括废气、废液和固体废物,如尾气、浓缩液、沉淀物、废过滤器、吸附剂、去污剂、冲洗液、擦刷物、工作人员劳保用品,以及废弃的工具设备,等等。前面已述,放射性去污只是转移了核素存在位置和状态,没有消除放射性核素,去污过程会产生新的放射性废物,这种在去污过程中产生的新放射性废物,人们通常称其为二次废物。所以,实际上其是套用放射性废物管理、放射性废物处理和处置的名词术语。

在去污过程中所产生的废气、废液和固体废物等二次废物,情况各一、数量和危害程度不同。现在普遍用的射流法和化学法去污,产生的二次废液量大。对于二次废液,一要控制产生量,二要重视其腐蚀性。对于去除易挥发性和半挥发性的核素,采用有机溶剂与采用高温法和物理法,更要严格管制,除去废气要设置过滤器并对过滤器芯勤做检查,要保持其一直处于良好工作状态。因为核设施退役不再增建新储罐和铺设新管道,一定要控制废水量,所以除了精心设计去污方案外,还要操作人员把好关。高压水射流产生的废水亟须进行净化后再利用,并必须达标后才能排放。废有机溶剂需用适当方法处理,不能随意放置和不能用水混合后排放。经过去污处理后的固体废物,必须鉴定验收,达标后才可降级处置或解控再利用。

因此,不难看出,放射性去污不考虑二次废物是不对的,设计去污方案和执行去污操作时,必须考虑使产生的二次废物尽量少,并且使二次废物容易处理和处置,例如应该考虑以下问题:

(1)强酸、强碱、高盐、高浓络合剂的去污效果虽然比较好,但对所产生的二次废物进行处理和处置的难度大。

(2)用水冲洗去污简单易行,但产生的废水量大。早期去污用此法较多,现已摒弃不用,多用蘸去污剂布擦洗。

(3)干砂喷射去污效果好,但产生的气溶胶和二次废物多,多改用湿砂喷射去污。

(4)王水、氢氟酸的去污作用大,但腐蚀性太大,二次废物难以处理,此法已摒弃不用。

(5)氟利昂干洗效果好,但对大气层有破坏作用,此法已摒弃不用。

3.4　二 次 污 染

对于“污染”两字，其使用的范围非常广泛，如大家常听到的水污染、环境污染、食品污染、药品污染、化肥污染、思想污染、文化污染，等等，对象不一，定义不一，出现了许多“二次污染”定义。例如：水的“二次污染”指自来水经过水厂处理后，在由自来水厂管道运输到用户的过程中产生的铁锈和细菌等污染。自来水“二次污染”的定义和其他“二次污染”的定义显然是不同的。

本书放射性去污之后的“二次污染”，是指去污之后出现重新污染放射性核素的现象。放射性污染物件去污之后，由于物体表面膜受破坏，重新污染放射性核的速度可能很快。大家熟悉的，金属物件抛光之后，初期很光亮，但不久表面便蒙上一层黑色，这是新生的氧化膜层，该氧化膜层在富含放射性核素的环境里，极易吸附放射性核素，形成二次污染。因此，去污后需要复用的物件，须做防止二次污染的钝化处理，让去污物件产生保护膜层，涂上可剥离膜层也可以阻止二次污染的产生。

我国已发布了《中华人民共和国环境保护法》《中华人民共和国水污染防治法》《中华人民共和国大气污染防治法》《中华人民共和国土壤污染防治法》《中华人民共和国核安全法》《中华人民共和国固体废物污染环境防治法》等法规。现在，许多行业根据《中华人民共和国环境保护法》等法规，编制和实施《二次污染控制管理制度》，已在管控二次污染、保护生态环境等方面起到了重大实际作用。

第4章　放射性去污方法的选择

理想的去污工艺是，有最大的去污因子、最少的二次废物和受照剂量及最低的环境影响。实际上十全十美的去污工艺是难以找到的。在实际操作中，放射性去污往往不是一次去污或一种去污方法就能完全奏效的，经常需要多次去污或多种去污方法联用。一般来说，第一次去污除去的放射性份额较多，以后的去污步骤，除去的放射性份额相对减少。去污的次数越多，对设备、系统的腐蚀作用越大，产生的二次废物越多。设计去污工艺和制定去污方案后，需要对方案进行评估和优化选择。

4.1　放射性去污方法选择的原则

选择放射性去污方法应遵循以下原则：

(1)去污效率高，能快速有效地除去放射性污染，达到去污目的；

(2)废物最小化原则，二次废物少、易于处理与处置；

(3)遵循辐射防护三原则，符合正当性、最优化，满足剂量限值；

(4)工艺安全可靠，没有或只有很少有害物排入环境，无燃爆危险，不会因腐蚀而导致泄漏，扩大污染；

(5)适合现场情况和条件下使用；

(6)设备易得，操控易掌握；

(7)综合评价去污工作量、需用时间和花费成本，代价-利益分析合宜。

4.2　放射性去污的基本条件

放射性去污有的在现场进行，也有的将污染物体整件或切割解体后移到去污车间进行去污处理。

不管在哪里进行，都需要具备一定条件，例如：

(1)适当的工作台和操作工具，如长柄钳，有的可能需要机械手；

(2)适当的化学药品和化学试剂；

(3)适当的检测仪表；

(4)满足要求的废水排放系统;

(5)满足要求的通排风条件;

(6)满足要求的辐射屏蔽和防护条件;

(7)具有应急的医护材料。

对于 α 污染的去污,要考虑 α 的气密性。对于应急情况下的去污,如上述条件难于创造齐备,则应因时/地制宜。

4.3　放射性去污的关注要点

放射性去污应关注以下要点:

(1)优化选择问题

去污要花费代价,不仅有试剂、材料和人工的消耗,还有后续的二次废物的处理和处置问题,而且操作人员可能会受辐照伤害。根据去污的目的,对采用什么方法和去污到什么程度,应明确目标和做优化选择。如过去常用的水冲洗与酸、碱轮流循环浸泡去污,虽然简单易行,但会产生大量二次废水,现已少用或不用。先进的去污技术,如激光去污,效率高,但要看是否具备条件,不能好高骛远。去污目标不应该盲目追求"零污染",应以满足要求为准,分析需要与可能,对去污的深度提出合理要求。对于退役设备的去污,应考虑去污过程对设备腐蚀的情况。退役设备的去污,可采用强力去污。对于含铀、钚设施或设备的去污,要考虑铀、钚的回收,特别是要重视临界安全和建立易裂变物质的回收量并上缴账目。

(2)"热点"去污问题

局部严重污染的地方常称为"热点",如焊缝、裂纹和拐角等,容易积累较多放射性物质而形成"热点"。"热点"是去污中常常碰到的棘手问题,不宜为消除"热点"进行反复去污而打"疲劳战"和"消耗战",导致污染扩散以及产生大量的二次废物。有时对"热点"采取重屏蔽和切割下"热点"直接作废物处置,可能是更合适的做法。为了消除"热点",可能需要增加局部屏蔽和增设临时排风,以降低操作地点的辐照剂量率和工作场所的气溶胶水平。

美国发明的闪光爆炸去污专利,用石英氙灯闪光,一次 0.001 s,氙灯功率为 500～2 000 kW,由此产生的热量可将被照物件表面加热到 1 800 ℃,这种瞬时高热可使锈污和油漆同其所依附的金属表面瞬间脱离。这种闪光爆炸法能在金属表面形成薄薄的"钢化层",起到防潮防锈的作用,很适合于"热点"的去污。

(3)安全问题

去污剂多种多样,强酸、强碱有强腐蚀作用,必须慎用。王水、氢氟酸腐蚀作用太大,二次废物不好处理,不应选用。有机试剂因有较好的去污作用而受到青睐,但使用时要考虑其热稳定性和辐照稳定性。稳定性差的有机去污试剂,可能会产生有毒和燃爆性气体。若产生气堵，会恶化泵的功能；若产生物堵，会阻塞管线，因此要预先考虑控制办法和保护措施，包括准备临时风机、消防器具，并做好应急预案。

重要的去污操作要在辐射防护人员参与下进行，要重视内照射和外照射可能对人体造成辐射伤害，要对去污前后辐射水平做好记录。大型去污活动要制定去污操作程序和质保大纲，要有辐射防护和应急响应措施。

为防止放射性污染扩散，可设集中去污车间。这种集中去污车间可用可移动气帐，具有钢骨架和板结构，内用可剥离膜覆盖墙壁和天花板，便于去污处理；下部周围设裙边，便于封闭；底部设滚轮，便于移动。去污车间内装排风系统，配置高效空气粒子过滤器（HEPA），气流、人流和物流分开，避免交叉污染；根据需要，装摄像机、γ相机和其他监测设备。

为避免交叉污染，系统去污的顺序宜先设备，后管道、阀门、泵，最后是去污设备的外表面。但是，如果采取离线去污策略，去污的顺序则一般先是去污设备的外表面，拆除与设备相连的管道，再进行离线去污、解体，或直接作为废物处理。

设备室的大面积去污，采用高压水喷射技术，可能出现水雾很大，导致排风机过滤器失效。对此需要及时监测分析，做出正确判断和采取有效补救措施。

（4）检测设备

放射性去污要以监测能力为后盾，去污计划的制订、去污效率的判断，都依赖于准确的测量。由于污染对象多种多样，污染核素的种类、污染机制和污染水平差别很大，以及可能存在各种各样检测干扰影响，并且去污过程中污染水平在动态变化（不断降低），需要制定适当的监测程序，配备合适的检测仪器，有时需要预先采购，或者在必要时需要自己开发一些适用的检测器具。

第 5 章　放射性去污的测定

放射性污染监测涉及源项监测、运行跟踪监测、去污效果监测、事故去污监测等。有的是有计划的，一种日常运行活动；有的是无计划的，如事故去污监测是应急需要，需要快速进行，为防止污染的扩散，要及时判断危害程度和快速做出决策；有的监测面积巨大，有的是小件物品；有的污染程度很高，有的污染程度很低，接近本底水平。因此，需要准确把关，选用适当的程序和仪器设备，以便准确地测定结果。

放射性去污监测项目很多，常见的如下：

(1)核设施、辐射设施、放射化学实验室运营污染去污监测；

(2)核设施、辐射设施、放射化学实验室退役污染去污监测；

(3)放射性物质贮存、运输过程的失散物或被偷盗物的污染去污监测；

(4)核设施周边地区的天然环境本底调查及放射性污染去污监测；

(5)地下水、饮用水、牛(羊)奶、农作物、牧草、森林的污染去污监测；

(6)核事故后污染去污监测。

5.1　放射性污染相关度量单位

放射性污染常用度量单位如下：

(1)表面污染水平：Bq/cm^2；

(2)放射性总活度：Bq；

(3)放射性比活度：Bq/g，Bq/kg；

(4)放射性活度浓度：Bq/L，Bq/m^3。

三种常用的剂量单位及换算关系如下：

(1)吸收剂量

单位：戈瑞(Gy)；旧单位：拉德(rad)，1 Gy = 100 rad。

(2)有效剂量

单位：希伏特(Sv)；旧单位：雷姆(rem)，1 Sv = 100 rem。

(3)集体有效剂量

单位：人·希[伏特](人·Sv)。

5.2　放射性污染相关的重要控制值

(1)表面非固定性污染水平(监督区工作场所)

β/γ 辐射:4 Bq/cm^2;α 辐射:0.4 Bq/cm^2。

(2)废物包表面剂量率

表面:2.0 mSv/h;1 m 远处:0.1 mSv/h。

(3)豁免值

公众中个人有效剂量:10 μSv/a;公众集体剂量:1 人·Sv/a。

(4)场址无限制开放使用,公众中个人有效剂量限值

场址无限制开放使用,公众中个人有效剂量限值低于 0.1~0.3 mSv/a。

5.3　放射性污染的相关限值

(1)工作场所的放射性表面污染限值

依据《电离辐射防护与辐射源安全基本标准》(GB 18871—2002),工作场所的放射性表面污染控制水平见表 5.1。表中所列数值系指表面上固定污染和松散污染的总数。

设备、墙壁、地面经采取适当的去污措施后,仍超过表 5.1 中所列数值时,可视为固定污染,经审管部门或审管部门授权的部门检查同意后,可适当放宽控制水平,但不得超过表 5.1 中所列数值的 5 倍。

氚和氚化水的表面污染控制水平可为表 5.1 中所列数值的 10 倍。

工作场所中的某些设备与用品,经去污使其污染水平降低到表 5.1 中所列设备类的控制水平的 1/50 时,经审管部门或审管部门授权的部门确认同意后,可作为普通物品使用。

表 5.1　工作场所的放射性表面污染控制水平　　单位:Bq/cm^2

<table>
<tr><th colspan="2" rowspan="2">表面类型</th><th colspan="2">α 放射性物质</th><th rowspan="2">β 放射性物质</th></tr>
<tr><th>极毒性</th><th>其他</th></tr>
<tr><td rowspan="2">工作台,设备,墙壁,地面</td><td>控制区[①]</td><td>4</td><td>40</td><td>40</td></tr>
<tr><td>监督区</td><td>0.4</td><td>4</td><td>4</td></tr>
<tr><td>工作服,手套,工作鞋</td><td>控制区,监督区</td><td>0.4</td><td>0.4</td><td>4</td></tr>
<tr><td colspan="2">手,皮肤,内衣,工作袜</td><td>0.04</td><td>0.04</td><td>0.4</td></tr>
</table>

注:①该区内的高污染子区除外。

(2)解控金属物料表面污染控制限值

依据《核设施的钢铁、铝、镍和铜再循环、再利用的清洁解控水平》(GB/T 17567—2009),对于确认仅属于表面污染的钢铁、铝、镍和铜,当其表面去污水平达到表 5.2 中的要求时,经审管部门同意后,可以直接实施解控,作为普通物品使用。

表 5.2　解控金属物料的表面污染控制水平　　单位:Bq/cm^2

α 放射性物质		β 放射性物质
极毒性	其他	
0.08	0.8	0.8

(3)固体废物包表面污染控制限值

依据《低、中水平放射性固体废物包安全标准》(GB 12711—2018),贮存、运输及处置的低、中水平放射性固体废物包,其外表面污染控制限值见表 5.3。

表 5.3　低、中水平放射性固体废物包表面污染控制限值　　单位:Bq/cm^2

β、γ 发射体,低毒性 α 发射体	其他 α 发射体
4	0.4

注:可用在表面的任意部位任一 300 cm^2 面积上的非固定污染的平均值来判断。

5.4　放射性污染的测定

放射性污染测定的基本要求是及时发现有无污染,确定污染点位置和范围,并给出污染核素的量值。对放射性污染的测定涉及四种监测类型:

(1)工作场所监测。利用固定的或可移动测量设备,对工作场所中的外照射水平、空气污染和地面、墙面、设备污染进行监测。

(2)环境监测。利用直接测量或取样后实验室测量等方法,对设施周围环境中的辐射和放射性污染水平进行监测。

(3)流出物监测。对向大气和水体释放流出物的核素和剂量进行监测。

(4)个人监测。利用个人所携带的器件,对人员受到的外照射剂量进行监测,通过尿样分析测定进入人体的内照射核素。

放射性污染监测的对象,主要是发射 α、β、γ 射线的核素,测量方式有 α 污染测量、β 污染测量、γ 污染测量,这三种污染的辐射测量方法见表 5.4。

表 5.4　三种辐射测量方法

γ 辐射测量	β 辐射测量	α 辐射测量
可采用 NaI(Tl) 闪烁探测器及具有高分辨率性能的锗(Ge)探测器进行测量,高纯锗探测器谱仪要在低温下工作(液氮); 固定式 γ 辐照探测器测量工作场所 γ 辐照水平,设定阈值发出声、光报警信号; 便携式 γ 辐照探测器,测表面和 1 m 远处剂量率	可采用 GM 计数管、正比计数管、有机闪烁体进行测量,需用标准参考源标定,参考源与被测样品有相同的几何状态; 对于低能 β 射线(^{14}C、^{3}H、^{63}Ni),采用液体闪烁体测量	可采用 α 闪烁探测器、正比计数管或半导体探测器进行测量,测量样品必须非常薄,粗糙、不规则表面样品,不能直接测量; 对于桶装废物中 α 辐射测量,采用无源测量法和有源测量法

放射性污染的测定方法有直接测定、间接测定和扫描测定三种方法,各适所需,各有优缺点。

(1)直接测定

直接测定是用仪器直接进行测定得出结果。这种方法适合于测定 β、γ 放射性污染。为了防止仪器探头被沾污,应避免仪器探头接触污染物表面(距离约 10 mm)。测出结果为固定污染和松散污染之和。直接测定法可能受周围辐射的干扰影响。

(2)间接测定

间接测定多用擦拭法,在实验室内对擦拭纸进行测量得出结果。这种方法适合于测定 α、β 放射性污染,光滑的表面用圆形滤纸擦拭,粗糙的表面用棉织物擦拭。擦拭面积一般为 100 cm^2(须小于或等于仪表探测窗面积),不能来回擦。可干擦也可湿擦,湿擦不能出水。擦拭系数通过试验确定,未确定前可采用保守值 0.1。测出结果为表面非固定性污染。一般情况下,间接测定法的测定结果低于直接测定法的测定结果。

工作场所和设备表面污染,可用表面污染监测仪,但^{3}H、^{14}C、^{63}Ni 等低能 β^-污染监测易受干扰,难准确测定。氚擦拭样品采用液闪计数器测定氚的表面污染。

(3)扫描测定

扫描测定是用探测器在可能受污染物体的表面进行移动测量,以确定受污染的区域或点位,发现辐射异常后进行定位测量。

5.5　放射性污染测量仪表设备

放射性污染相关测定设备很多,并且随着科学技术的发展,越来越多的先进设备不断涌现,主要有以下几类:

(1)便携式现场测量设备;

(2)取样后实验室测量设备;

(3)车载 γ 谱仪测量设备;

(4)个人剂量测量设备;

(5)无人机测量系统。

下面对以上几种设备进行介绍。

(1)便携式现场测量设备

这类设备的用途和特点见表 5.5。

表 5.5　便携式现场测量设备的特点

设备	特点
γ 射线探测器	主要有 NaI 探测器和高纯锗探测器两类,前者价廉,简单,探测效率高,后者能量分辨率高
热释光探测器	质量和体积小、灵敏度高,可用于 X、γ、α、β、中子、质子等射线的测量
闪烁体探测器	闪烁体有许多种,各有优缺点,供不同用途选用
电离室与 G-M 计数管	电离室与 G-M 计数管有很多形式、多种用途可供选用

(2)取样后实验室测量设备

这类设备的用途如表 5.6 所示。

表 5.6　取样后实验室测量设备的用途

设备	用途
NaI(Tl)γ 谱仪	γ 谱测量
多用闪烁体或正比计数管设备低本底装置	总 α 总 β 测量
半导体探测器型 α 谱仪	α 谱测量
液体闪烁 β 谱仪	β 谱测量

(3)车载 γ 谱仪测量设备

表 5.7 列出了几种车载 γ 谱仪测量设备及其优缺点。

表 5.7　几种车载 γ 谱仪测量设备及其优缺点

车载 γ 谱仪设备	优缺点
NaI(Tl)小晶体车载 γ 谱仪	便携,价廉; 只有铀、钍、钾、总道四道,不能流动实时测量
G-M 计数管型车载 γ 剂量率仪	灵敏度高,量程宽,不受电磁场干扰,价格低廉; 无法鉴别粒子类型和能量,区分放射性烟羽能力差

表 5.7(续)

车载 γ 谱仪设备	优缺点
塑料闪烁体车载 γ 剂量率仪	灵敏度高，响应快，价廉，耐辐射性能好； 无法鉴别粒子类型，不能测量能量强度
NaI(Tl)大晶体车载 γ 多道谱仪	探测效率高，响应快，能量分辨率较好； 大尺寸晶体价格高、稳定性差
高纯锗 HpGe 车载 γ 多道谱仪	能量分辨率高； 探测效率低，价格昂贵，必须在液氮等极低温度下工作

(4)个人剂量测量设备

这类设备中的个人剂量计(表 5.8)主要测量 X、γ、β 辐射及热中子剂量，分为躯干剂量计和肢端剂量计两大类。

表 5.8 个人剂量计及特点

个人剂量计	特点
胶片个人剂量计	能测量 β、γ 射线辐射剂量，加一定的包覆材料可测热中子
热释光个人剂量计	能测量 β、γ 射线和热中子辐射剂量，量程宽，可重复使用，灵敏度高，线性范围宽，体积和质量小，使用越来越广泛
个人电子剂量计	可测量显示累积剂量和剂量率，可设置报警信号
袖珍直读剂量计(剂量笔)	简单，价廉，早期用得多，但灵敏度低，剂量范围较窄

此外，还有氡子体个人剂量计，如：KF603A 型矿工个人剂量计，KF606A 型铀矿工人剂量计，KF606B 型铀矿工个人剂量计等。

图 5.1 至图 5.4 示出了半手工测量、长柄测量、遥控测量和管道探头测量设备。

图 5.1 半手工测量设备

图 5.2　长柄测量设备

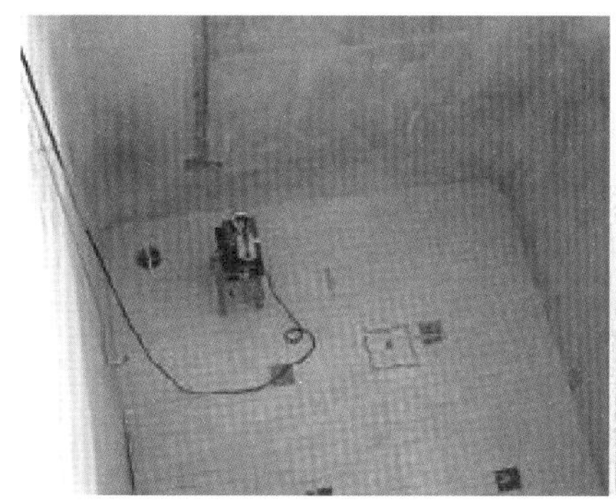

图 5.3　遥控测量设备

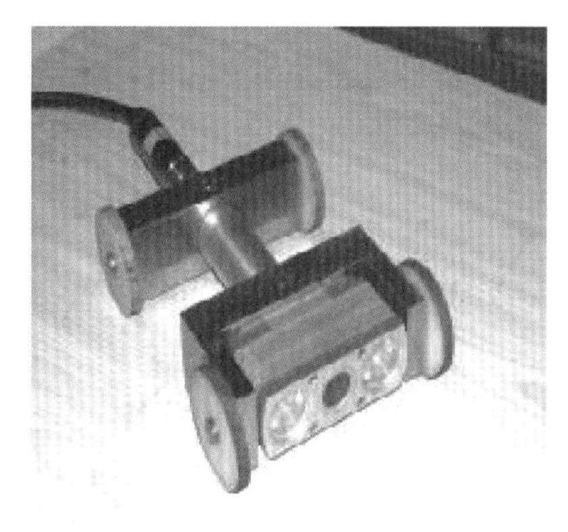

图 5.4　管道探头测量设备

放射性污染探测方法很多,下面介绍几例现行的方法:

(1)对于反应堆主回路系统,由于难以直接对强辐射场进行测量,可采用小型半导体探测器遥控测定。

(2)对于大面积污染,采用 NaI 二维 γ 照相探测器,测定建筑物的高处,用塑料闪烁探测器测定地板和建筑物的低处,测定下限 0.1 Bq/cm^2(相当于 0.1 Bq/g),测定速度可达 100 m^2/d。

(3)对于渗入性污染,采用 NaI 和塑料闪烁探测器测定,测定下限 0.1 Bq/g,测定速度 20 m^2/d。

(4)对于混凝土深部污染,采用钻一小孔,插进 CsI 和塑料闪烁探测器测定。

(5)对于无限制开放使用场所,联合使用锗探测器和塑料闪烁探测器测定。锗探测器用于校正由天然放射性引起的本底涨落对测定结果的影响。锗探测器用于对可能污染的区域进行详细测定,测定下限为 0.1 Bq/cm^2(相当于 0.1 Bq/g),测定速度可以达 100 m^2/d(混凝土)和 200 m^2/d(土壤)。

(6)对于去污后的物料,联合使用锗探测器、塑料闪烁探测器和 NaI 探测器可有效测定低到 40 Bq/t 物料(解控水平),测定速度 10 t/h。塑料闪烁探测器测定接近低限时,准确度为±50%(测定速度 10 t/h)。锗探测器测定范围宽,可测到 4 000 Bq/t,对于复杂结构的部件(如泵和阀门),也能很好测定。

(7)对于达到清洁解控水平的建筑物和户外,利用德国开发的大面积 γ 谱仪进行测定,该谱仪采用高纯锗探测器连接一个手提式多道分析器和笔记本电子计算机进行工作。

因放射性污染探测方法和检测仪器设备不断发展更新,以上所述仅供参考。

第6章　放射性去污效果的评价

对于放射性去污,人们常希望高效、安全、经济地实施和完成,而对于放射性去污过程,则要准确检测和及时评价。做评价,首要的是计算去污效果。放射性去污效果,不是都要达到本底水平或仪器的检测限,而是看是否达到了规定的目标,因此首先需要准确测定,然后根据测定结果计算去污效果。因为去污是一个动态过程,所以应该及时掌握去污效果和推进去污进程;因为去污往往不是一次去污或者仅通过一种去污方法就能奏效的,所以需要及时发现问题和改进去污方案;因为去污过程干扰因素很多,如人员、环境和气候的变化与仪表灵敏度适应性等,所以还要判断是否需要对测定结果进行修正。从积累去污经验和发展去污技术的角度考虑,也需要多做测定记录和去污效果的计算,勤做去污的评价。

6.1　放射性去污效果的表示法

放射性去污效果有以下六种表示法:

(1)余污率 α

余污率指去污后物体上剩余的放射性活度(A_{aft})占去污前放射性活度(A_{bef})的份数,即

$$\alpha = A_{aft}/A_{bef}$$

(2)去污率 β

去污率指去污后除去的放射性活度占去污前放射性活度的份数,即

$$\beta = (A_{bef} - A_{aft})/A_{bef}$$

(3)去污系数 K

去污系数亦称去污因子,指去污前放射性活度与去污后放射性活度之比,即

$$K = \mathrm{DF} = A_{bef}/A_{aft}$$

(4)去污指数 D

去污指数指去污因子的对数,即

$$D = \lg K = \lg(A_{bef}/A_{aft})$$

(5)总去污因子 DF_{total}

多种去污技术联用时,总去污因子为各单种方法去污因子的乘积,即

$$\mathrm{DF}_{total} = \mathrm{DF}_1 \times \mathrm{DF}_2 \times \cdots \times \mathrm{DF}_n$$

(6)总去污指数 D_{total}

多种去污技术联用时,总去污指数为各单种方法去污指数之和,即

$$D_{total} = \sum_{i=1}^{n} D_i$$

评价去污效果的“优、良、中、差”,未见统一标准,英国和德国按去污系数评价去污效果,见表6.1。

表6.1 英、德两国按去污系数评价去污效果

去污系数		去污效果
英国	德国	
1 000	>100	优
100~1 000	50~100	良
10~100	25~50	中
<10	<25	差

评价去污效果,去污系数是最重要的指标,但实际是否选用还应考虑经济代价、二次废物和工作人员受照剂量等因素。

有人用去污率衡量去污效果,提出去污率达到95%、98%就满意了,其实去污率达到95%、98%,只属“差”的去污效果或“中”的去污效果(表6.2)。

表6.2 去污率和去污系数对照表

去污率/%	50	90	95	98	99	99.9	99.99
去污系数	2	10	20	50	100	1 000	10 000

由表6.2可以看出,去污率达到90%,去污系数才为10,去污效果属“差”;去污率达到98%,去污系数为50,去污效果属“中”。要达到“优”的去污效果,需要去污率超过99%。

6.2 放射性去污效果的计算示例①

计算示例

放射性去污过程要做好记录,跟踪去污过程来判断去污效果,并做出继续、停止或者调整方法的决定,所以要跟踪去污过程做放射性去污效果的计算。下面列举9道计算的示例。

① 扫描二维码获取计算过程。

(1)某核电厂一设备的污染水平很高,达 40 000 Bq/cm^2,现要求降到 4 Bq/cm^2,选用去污工艺的去污因子至少为多少?

(答案:10 000)

(2)某试验去污效果项目的去污率仅为 95%,其去污工艺的去污因子为多少?

(答案:20)

(3)一核工厂首次试验了一种去污方法,去污因子不算高,仅为 50,其去污率可达到多少?

(答案:98%)

(4)某核工厂选用的去污工艺的去污率达到 99.99%,其去污因子为多少? 去污指数为多少?

(答案:10 000;4)

(5)某核工厂用三种方法联合去污,要达到 DF 为 5 000,第一种方法 DF 为 10,第二种方法 DF 为 50,则第三种方法的 DF 至少为多少?

(答案:10)

(6)某核电厂优选了一种去污工艺,第一级去污因子为 1 000,第二级去污因子为 100,第三级去污因子为 10,总去污指数为多少? 总去污因子为多少?

(答案:6;1 000 000)

(7)放射性去污方法的去污率从 99%提高到 99.99%,去污因子要提高多少倍?

(答案:100)

(8)某核电厂优选了一种去污工艺,第一级去污因子为 100,第二级去污因子为 20。

①总去污因子为多少?

(答案:2 000)

②去污前测定放射性水平为 8 400 Bq/cm^2,去污后降到 4.2 Bq/cm^2。请计算该去污工艺的去污率。

(答案:99.95%)

③若去污率达到 99.99%,则其放射性水平将降为多少?

(答案:0.84 Bq/cm^2)

④此时的去污因子和去污指数分别为多少？

（答案：10 000；4）

（9）核电厂某一设备污染水平很高，达 40 000 Bq/cm^2，现在要求降到 4 Bq/cm^2。

①需要用的去污工艺的去污因子至少为多少？

（答案：10 000）

②若用三种方法联合去污，第一种方法 DF 为 50，第二种方法 DF 为 10，则第三种方法的 DF 至少为多少？

（答案：20）

③现在采用的去污技术，实际上去污率为 99.95%，则此法去污水平可降到多少？此法的去污因子为多少？

（答案：20 Bq/cm^2；2 000）

6.3 放射性去污的评价内容

理想的去污工艺，应该有最大的去污系数、最少的二次废物和受照剂量及最低的环境影响，经济代价合理可接受。

放射性废气的净化一般用过滤法，核电站废气的净化常用滞留法和过滤法，这是因为核电站工艺废气中含有许多短寿命核素，对此，滞留床衰变有很好的作用。废液的净化处理多用蒸发、离子交换和沉淀过滤，现发展了许多膜技术和先进过滤法。一些经典和常用方法的去污因子 DF 如下：

（1）废气的净化处理

①高效粒子空气过滤器，DF 为 2 000～10 000。这种方法用得最多。

②碘过滤器，DF 为 100～1 000（对于无机碘），10～100（对于有机碘）。

③滞留床，DF 约为 10。

（2）废液的净化处理

①蒸发法，DF 为 1 000～1 000 000。这种方法去污系数高、减容比大，用得最多。

②离子交换法，DF 为 10～1 000。这种方法可利用无机离子交换剂和有机离子交换剂进行废液净化处理。

③沉淀过滤法，DF 为 2～10。

现在，新研发的废气和废液处理方法很多，但吸附、过滤，蒸发、离子交换、絮凝沉淀等经典方法仍在沿用。随着科学技术的发展，相应的处理方法不断向着效率高、可遥控、能耗低、使用寿期长、成本低、二次废物少、智能化、数字化等方向改进和发展。对于放射性废气和放射性废液的净化处理,不在本书中详细介绍,请参阅《放射性废物概论》和《放射性废物处理与处置》。

6.3.1　工艺方案可行性评价

(1)依据去污对象、去污环境的适应性,评价工作人员受照剂量和环境影响;

(2)依据二次废物的性状,评价与废物处理、处置系统的相容性;

(3)依据去污因子、二次废物、受照剂量和环境影响,评价所选去污工艺方案的代价-利益。

固体废物的去污应依据物体的材质、光洁度、孔隙率、涂层、核素种类、污染水平和污染机制,评价去污目标的可达到程度。

6.3.2　技术安全性评价

在去污作业中,除了所用去污设备的安全问题外,会遇到的安全问题还有很多,例如:

(1)易燃性,如用有机去污剂,可能燃点低于 60 ℃;

(2)高腐蚀性,如用酸或碱,可能强酸 pH≤2 或强碱 pH>12.5;

(3)高反应性,如快堆核设施,可能存在遇水发生猛烈反应的金属钠和钾;

(4)可能存在高毒金属元素,如铬、镉、铅、汞、砷、铍等;

(5)可能出现二噁英、多氯联苯、氰化物、石棉等致癌物;

(6)可能存在铀-235、钚-239 等易裂变物质。

安全性评价需要做好源项调查,进行评估分析:

(1)评价化学去污剂的辐照稳定性和热稳定性:使用过程中是否会产生有毒和燃爆性气体;是否会产生气堵,恶化泵的功能;是否会产生物堵,出现阻塞管线等安全风险或事件/事故。

(2)评价大型去污活动去污操作程序和质保大纲:有无应急响应措施,如设置临时通风,配置应急用的医疗救护品和工器具;是否按质保大纲要求制订去污大纲和去污程序。

(3)评价去污前后辐射水平记录:有无由内照射和外照射引起的辐射伤害;去污工作人员个人剂量和集体剂量是否超标或超预定指标。

(4)评价工作人员是否经过培训,高污染区的去污是否在辐射防护人员参与下进行。

6.3.3　放射性去污经济性评价

(1)去污的效果和速率;

(2)去污设备材料等投资;

(3)去污花费的时间和人力;

(4)去污产生的二次废物和预计处理/处置费用多少;

(5)去污效益预估(减少废物,再循环再利用,解控,消除热点等方面)。

放射性去污的评价不搞一刀切,广度和深度可有所差别,对于大型核设施退役和大型核电站大修换料等大型去污工程,应该要求高和严,坚持按科学办事,不要花架子,要从实际出发,求真务实地进行。

第7章　放射性去污的培训

放射性去污不是做一般的清洁工作,不是“招之即来,来之能战”的大扫除,不是无足轻重的环节,而是重要的安全文化的培养和训练,维持核能开发和核技术利用正常运行,保护生态环境安全,促进可持续发展不可或缺的环节。

7.1　放射性去污的特性和要求

众所周知,在核能开发和核技术利用过程中,由于许多自然或人为原因,难免会出现放射性污染,例如:

(1)不少放射性核素本身有易挥发性和易扩散性,这会导致气载放射性的升高;

(2)核设施中系统和设备操作运行过程中难免会有跑、冒、滴、漏现象;

(3)设备老化和腐蚀损坏,可能导致表面污染和地下水污染及周围土壤污染;

(4)发生事件/事故,造成放射性物质泄漏或释放,等等。

放射性去污工作有以下特性和要求:

(1)放射性看不见、摸不着,隐蔽性强,需要借助仪表才能发现。

(2)放射性核素对人体的外照射和内照射的患害有潜伏期,一般不能立刻被觉察或显现。

(3)放射性去污操作需要严格遵循辐射防护规定最优化和废物量最小化准则以及质保大纲。

(4)放射性去污人员是核研发工作和核工程项目的护卫军,是核设施退役和核事故处理的先遣兵和后监军,必须协同配合,打好前哨战和后卫战。

7.2　放射性去污培训的必要性

通常,核工业厂矿和研究所(研究中心)都设有安防处,正常运行情况下,不会有重大放射性去污任务,小型去污工作安防处人员随同当事人就可解决。但是,反应堆大修换料、大型核设施退役和发生核事件分级表(INES)一级以上事件/事故的去污,须有一支经过培训的队伍以及特种技术和工具才能满足要求。

去污人员工作时要配备恰当的防护用品和剂量监测仪器。个人防护用品包括防 γ/X 射线的铅橡胶围裙,防气载放射性的气衣、面罩等。个人受照剂量监测仪器现多用热释光个人剂量计和电子个人剂量计(可直读,带报警)。必要时佩戴中子剂量计、手指和脚趾剂量计,建立监测摄像的传输系统,用摄像机监控工作人员的活动。气溶胶取样点设在工作人员所站地面向上高约 1.5 m 的呼吸带处。进入控制区工作的去污人员离开时,要对其头、胸、手、腿、脚和背部的 β 污染水平进行监测,超标时会报警。

采用高温去污技术的人员,须配备防火工作服;采用干冰去污技术的人员,须配备防冻工作服;去强放射性场合的去污人员,要穿戴防 γ/X 射线铅橡胶围裙、气衣和头盔。气衣要有足够强度,防撕裂、磨损和穿孔,要穿着舒服、供气流畅,对耐酸碱、耐热、防火等也都有要求。美国开发了一种带冰袋的防暑气衣,气衣上有许多通冷水的细管,从冰包出来的冷水流过细管,导走热量,使人体保持凉爽。气衣通话线路要畅通,防止接头松脱,软管绞结、卡住或破裂,所以穿着气衣时要有人监督协助(图 7.1)。进入 α 污染区域内进行去污操作时,在气帐内去污要建立监测摄像的传输系统,用摄像机监控工作人员的活动。在后处理厂钚线进行去污,要警惕去污活动可能会造成易裂变物质以气、液、固形态出现和导致易裂变物质局部积累,一要防止由于失去质量(浓度)控制、几何控制及慢化剂控制而导致发生核临界事故;二要尽可能回收去污过程出现的易裂变物质;三要加强安全保卫,易裂变物质要及时上报上级部门和尽早运离现场。

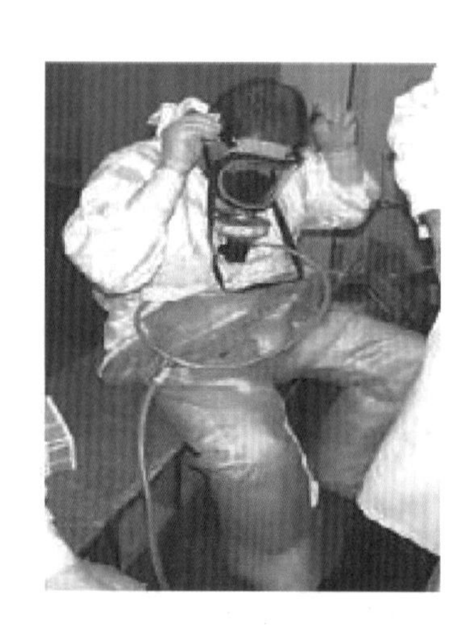

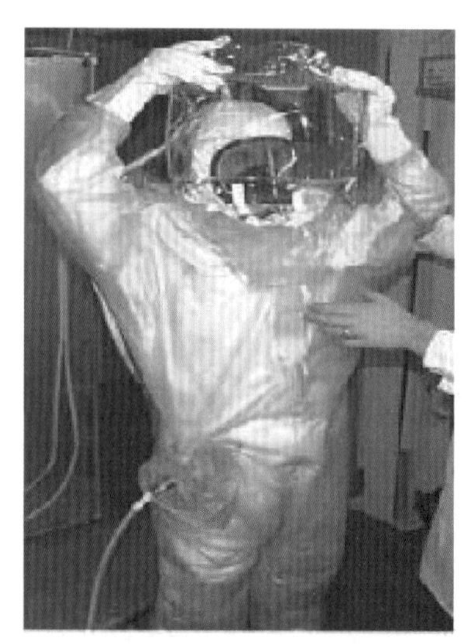

图 7.1　穿戴气衣面具准备进入强放射性场所去污

综上可以看出,去污工作要求高、难度大,必须培训一支高素质队伍才能胜任。因为:

(1)很多参加去污工作的人员不熟悉去污,或者不了解工况、去污目标和要求;

(2)他们需要了解放射性污染和去污基本知识;

(3)他们需要熟悉去污程序、去污方法,包括熟悉去污仪器设备及其使用;

(4)他们需要熟悉污染测定、去污效果计算和评价方法;

(5)他们需要熟悉辐射防护等安全知识。

通过培训,建设一支高素质去污队伍,才能确保高效、安全、经济地完成去污任务。

7.3　放射性去污培训的内容和要求

去污培训内容应主要包括放射性基础知识、去污技术和辐射防护安全等三大部分。根据去污工作难度与参加人员的水平,培训课程可分基础培训、中级培训和强化培训三个等级。

7.3.1　基础培训内容和要求

(1)放射性去污知识方面

了解:元素,核素,同位素;α、β、γ 放射性;衰变,裂变,聚变;裂变核素,裂片核素;极毒、高毒、中毒、低毒放射性;控制区,监督区;等。

(2)放射性去污技术方面

掌握:去污工况和要求达到的目标;会配制溶液,会使用去污仪表设备;做好去污前后放射性水平测量与记录;等。

(3)辐射防护安全方面

熟悉:相关操作基本要求,如穿戴防护服,佩戴个人剂量计,出控制区污染检测;放射性废物分类存放;防火灾,防电伤;等。

7.3.2　中级培训内容和要求

(1)放射性去污知识方面

了解:元素,核素,同位素;锕系元素,超铀元素;α、β、γ 放射性;衰变,裂变,聚变,嬗变;裂变核素,裂片核素;极毒、高毒、中毒、低毒放射性;控制区,监督区;核安全,临界安全;废物最小化,辐射防护最优化(ALARA)等。

(2)放射性去污技术方面

掌握:去污工况和要求达到的目标;会配制去污用的溶剂和溶液,会使用去污仪表设备并会更换配件;掌握操作程序;会做去污前后放射性水平检测记录和进行去污效果计算;等。

(3)辐射防护安全方面

熟悉:放射性安全操作要求,正确穿戴防护服,佩戴个人剂量计,出控制区污染检测;防火灾,防电伤,防控临界安全;贯彻废物最小化,实现质量保证等。

7.3.3 强化培训内容和要求

(1)放射性去污知识方面

了解:元素,核素,同位素;锕系元素,超铀元素;α、β、γ 放射性;衰变,裂变,聚变,嬗变;裂变核素,裂片核素;极毒、高毒、中毒、低毒放射性;活度,活度浓度,比活度,剂量限值,剂量约束值,管理目标值;关闭,退役,准备,整备;控制区,监督区;核安全,临界安全;放射性废物最小化,辐射防护最优化;清洁解控,豁免,应急响应,质量保证;等。

(2)放射性去污技术方面

掌握:去污工况和要求达到的目标;能建议策划优化去污方案;选配去污溶剂和溶液;对去污设备更换部件和简单维修;熟练模拟演练,会编制操作程序,根据去污检测记录进行去污效果计算,进行去污代价和效益评估及去污方案优化改进;等。

(3)辐射防护安全方面

熟悉:放射性安全操作要求,正确穿戴防护服,佩戴个人剂量计,出控制区污染检测;防火灾,防电伤,防控临界安全;放射性废物分类存放和促进废物最小化;提高安全文化素养,自觉执行质保大纲和应急响应大纲;等。

上述培训内容和要求,仅作为参考。国内外各类培训班开设很多,门类广泛。最基本的做法和最重要的经验是结合实际,针对培训对象和培训目标,提高学员的“应知应为”,熟悉本职任务、目标和运作程序。自觉重视安全,确保安全、高效、全面、经济地完成任务,并争取有所创新。

第8章　放射性去污方法

自20世纪40年代初,第二次世界大战需要发展核武器,人们就开始研发和利用放射性去污方法。首先研发废气的过滤,废气中的放射性核素经过滤器过滤之后,一般就可实现安全排放。对于放射性废液,因为其种类繁多、成分复杂、放射性水平差别大,要达到安全排放不甚容易,先开发的絮凝沉淀、蒸发和离子交换,俗称"老三段"的三大流程,去污系数可分别达到2~10,1 000~1 000 000,100~1 000。随着净化新任务的不断提出和科学技术的发展,人们逐渐开发了电渗析、反渗透、超滤、纳滤等许多新技术。随之,放射性固体废物的去污逐渐上升为主要矛盾,因为:老旧核设施和核设备的更新和退役,需要去污和产生不少固体废物;新建的大型核设施(如核电站)大修换料,需要去污和产生不少固体废物;事故/事件处理,可能会产生不少废物使去污任务很重。

对于固体废物的放射性去污,现已开发了很多有效的方法(图8.1)。

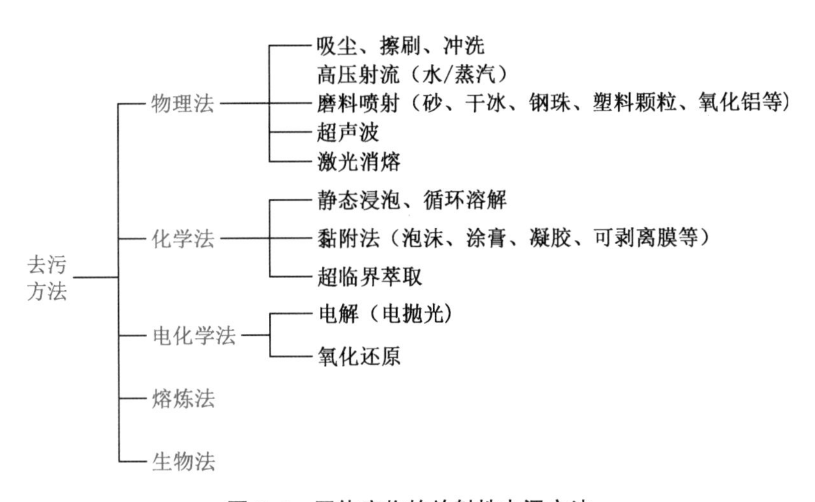

图8.1　固体废物的放射性去污方法

以退役为例,固体废物的放射性去污,不同的退役阶段和不同对象,有许多去污技术可供选择。核设施退役通常选择的去污技术见表8.1。

表 8.1　核设施退役通常选择去污技术

阶段	拆卸前的去污		拆卸后的去污	厂房去污
对象	管道系统	池/槽	管道、部件	混凝土墙、地面
选择方法	化学法、物理法	水力喷射、喷砂、可剥离膜	电解法、化学法、喷砂、凝胶、超声波	粗琢、刮削、微波热处理
目的	减少照射		再循环、再利用 减少废物量	清洁解控 减少废物量

8.1　物理法去污

8.1.1　高压射流去污

(1)一般物理法去污

物理法去污也称机械法去污。机械法利用吹、扫、擦、刷、琢、磨、刮、削、刨、共振等作用,除去在物体表面附着的核素或在锈斑、污垢、涂层、氧化膜层上附着的核素,通常包含吸尘、冲洗(水洗、去污剂洗涤),除去尘埃和气溶胶;采用全人工、半人工或者全自动方式进行(图 8.2,图 8.3)。

(a) 手持研磨器

(b) 半自动擦拭器

图 8.2　手持研磨器与半自动擦拭器

(a) 全自动墙面刮刨去污机　　(b) 地面刮刨去污机

图 8.3　全自动墙面与地面刮刨去污机

机械法简单易行,很适合于除去表面疏松污染物。去污过程中对粉尘、尘埃和气溶胶要妥善收集。除尘必须引起重视,常用真空吸尘器,要预防产生静电。

刮擦器手持操作的操作人员要戴面具,这种方法劳动强度大,已发展为在刮擦器上装长柄工具或者将刮擦器装在手推车上、遥控车上,由机械臂或机器人操作。管道内壁的污染物难以除去,新型旋转刷可方便伸入管道内去擦刷管道壁上的污染物,效果很好。

总体来说,机械法简单易行,成本比较低,并且容易买到,适合于墙面、地面等大面积的松散型污染的去污,但速度较慢、效率较低。

随着放射性去污需求日益增长和科学技术的迅速发展,机械法不断获得改进,新方法不断出现。

(2)高压射流去污

高压射流去污技术早被人们应用,20 世纪 50 年代推行到放射性去污。高压射流去污用高压泵打出高压水或压缩空气,通过喷嘴正向或切向冲击去污物件的表面。高压射流将机械力、化学力、热力结合起来,对目标物除垢、除锈斑、清焦,有效地除去目标物表面的垢物和氧化膜,去除污染的放射性核素。高压射流去污技术不仅对钢铁类金属去污有效,也可对混凝土去污。高压射流去污技术很适合于难以接近擦洗的物体或擦洗工作量大的物体表面的去污,已广泛用于核电厂主泵部件、压力容器、燃料组件装卸设备、乏燃料水池搁架、槽罐、管道、热室等的放射性去污。

高压射流去污通常喷射高压水或压缩空气,或者高压水加磨料、压缩空气加磨料。磨料有砂、干冰、水冰、氧化铝、小钢珠、塑料颗粒等,根据去污对象和条件,择优选用。高压射流去污系统由高压泵、调压装置、高压软管、硬管、喷头及控制装置等部件组成。选用参数

因去污对象而异,常用如下:

①压力 5~200 MPa;

②水流量 20~200 L/min;

③功率(高压泵)3~100 kW;

④喷射距离以(150~300)×D 为最好(D 为喷嘴出口直径);

⑤射流入射角以 60°~70°为佳。

提高高压射流去污效果的措施很多,但有得有失,从实际出发做利弊分析。

①增大压力,清除污垢的强度和能力增大。但水压提高到一定程度之后,去污效果增强不多。对于松散或弱结合的污染,可采用 5~70 MPa 高压水喷射;对于紧密结合的污染,可采用 70~250 MPa(常使用 100~200 MPa)的超高压水喷射。

②增大流量,去污效果变好,但废水量增多。一般用水量 0.3~3 L/s。

③增加时间,去污效果变好,但废水量增多。

④提高温度,使油脂类垢物易被清除。

⑤加入化学试剂,有湿润和疏松污垢作用,增强去污效果。

⑥加入磨料,可增加冲击物的质量,加强冲击强度,增强去污效果,但可能使去污体表面变粗糙,有磨料进入缝隙和二次废物增多。

几种磨料常用的喷射料密度、喷射压力、喷射角度、喷射料浓度、喷射量和去污效果见表 8.2。

表 8.2 喷射的磨料和设计参数

喷射物	氧化铝	玻璃珠	氧化锆	干冰
常用介质	高压水	高压水	高压水	压缩空气
喷射料密度/($g \cdot cm^{-3}$)	4	2.5	6	1.5
喷射压力/MPa	0.4	0.4	0.4	0.7
喷射角度/(°)	45	45	45	90
喷射料浓度/($g \cdot L^{-1}$)	240	240	240	—
喷射量/($g \cdot min^{-1}$)	1.7	1.7	1.7	2.3
去污效果	对碳钢、不锈钢去污效果好(氧化铝的效果好于氧化锆,好于玻璃珠)			对涂层去污效果好

单纯的高压水射流的去污系数为 2~100。添加磨料去污系数可明显提高,不同的磨料去污系数提高程度不同,但添加磨料会增加表面的磨损。

磨料喷射去污有湿喷和干喷,可用高压水进行湿喷,也可用压缩空气进行干喷。湿喷可减少气溶胶,但二次废物较多。干喷有粉尘多的问题,干喷粉尘有可能发生粉尘燃爆,因此要采取预防措施。现在在高压射流时配加刷子,刷子的转动对射流去污效果的提高很显著。

高压射流去污往往产生大量废水和废磨料,要重视循环使用,为防止二次废物过多,一般多循环使用磨料,高压水要考虑循环使用,减少二次废水措施,如图 8.4 所示。

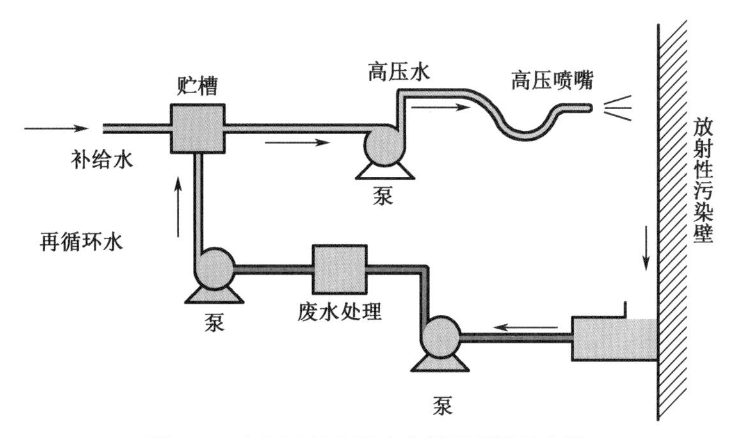

图 8.4　高压喷射去污废水循环利用示意图

(3)喷砂去污

喷砂去污的砂粒有金刚砂、铝土砂、不锈钢砂等,常重复使用。干砂喷射去污,能去除 0.1~1 mm 厚度的表面涂层或表面氧化膜层,但表面变得比较粗糙,并且气溶胶污染大。喷射 10~20 目磨料去污效果好,但表面损伤较大;喷射小于 100 目磨料去污效果差些,但表面损伤小(图 8.5 和图 8.6)。干喷砂有可能产生静电,因此去污物件或装置应接地。长期操作喷砂的工人吸入硅粉尘多,可能会导致肺纤维化而患硅肺病。湿喷砂除了气溶胶污染小外,磨料分散性好,可进入干喷砂不能达到的裂纹和缝隙,但可能有磨料留在去污物件上,所以最后要冲洗去除残留物。

图 8.5　佩戴防护面具进行干砂喷射去污操作

(a) 喷砂前污染的钢桶

(b) 喷砂去污后的钢桶

图 8.6　干砂喷射去污前后比较

(4) 干冰喷射去污

干冰喷射去污是将干冰喷射至待去污物体表面,利用其极低温度和一定的冲击作用使表面放射性污染物随表面杂质及涂层气化剥离,达到去污效果。

干冰喷射去污原理是用压缩空气喷射 CO_2 固态小丸,CO_2 颗粒打在物体表面上,因撞击而破碎,迅速气化成 CO_2 气体,气体冲击物体表面层,去除污染表面层。干冰喷射去污效果好,不产生废水,对基材损伤小。缺点是会产生窒息性 CO_2 气体,要注意补充氧气和通风,避免人员因缺氧而死亡;另外,操作过程中温度骤降,操作人员要穿戴特殊工作服(图 8.7),因为仅数分钟工作帐房内温度就会降到零度以下,会使操作人员的气衣破裂失效。比利时欧化公司核设施退役时,进行 α 去污的作业人员穿戴的气衣备有呼吸和净化空气系统,该系统由空气过滤器、驱动阀和应急使用的绝对过滤器安全装置等组成。干冰会使移动式通风系统很快冻结失效,所以要用容积较大和坚固结实的帐房封隔系统;在移动式通风系统进风口设前置过滤器及高效空气过滤器,要配备预加热系统,使空气干燥并提高进入过滤器的空气的温度;要间隙作业,如每作业 30 min,停工休息 10 min,使封隔帐房中的温度回升;要为操作人员提供抗寒的特制气衣和手套,或耐低温能力强的合成材料气衣;要防止通风系统冻结。

中国工程物理研究院核物理与化学研究所研制了集干冰制备、喷射、密闭工作箱、气溶胶净化、气溶胶监测与取样为一体的核设施放射性去污干冰喷射系统。去污过程中产生的二次污染物中的小颗粒随气载污染物进入高效净化装置净化,部分克量级的大颗粒污染物沉积在密闭工作箱内。

水冰喷射去污类似干冰喷射去污,水冰喷射是使用液氮冷冻水制成尺寸为 1~2.5 mm 的冰丸进行喷射,其所产生的二次废物是废水,不是 CO_2 气体。水冰喷射的环境致冷效应弱于干冰喷射。

(5) 喷射塑料颗粒去污

磨料喷射中还有喷射塑料颗粒的,用作磨料的塑料有聚酯、脲甲醛、聚氰胺甲醛、酚醛、丙烯酸、聚碳酸烯丙酯等多种。塑料磨料可以根据去污对象设计,选择恰当硬度的材料,做成适当大小的粒度,使用时水溶性小,破碎率低,尘埃物少,复用率高,二次废物少,有更好的去污效果。目前使用较多的是脲甲醛颗粒。

图 8.7　干冰喷射去污

8.1.2　超声波去污

超声波去污是利用超声的空化效应、加速度效应、声流效应对清洗液和污垢的直接和间接作用,使污垢层分散、乳化、剥离,从而达到去污目的。超声波去污的主要作用是空化效应。空化效应的强弱与超声波的频率、功率、清洗液表面张力、蒸汽压、黏度、工作温度和流变特性等许多因素有关。超声波空化气泡瞬时破裂,会产生上千个大气压的冲击力,破坏污染物,并使它们分散在清洗液中,去污效果很好。

超声波去污的效果,与声强、频率、介质和温度的选择有很大关系。通常选择声强 1~5 W/cm^2,频率 20~100 kHz,温度约 65 ℃,多以磷酸为清洗液,加入适当去污剂(浓度<5wt%)效果更好。把要去污的物体放在网篮中吊在清洗液中,或吊在支架上悬挂于清洗液中,清洗液不断流动更新。清洗槽可以是单槽,也可以是多槽,可以人工操作,也可用机械手遥控操作。新开发的一种装置可利用超声波对管道内表面进行去污。

超声波去污在工业上早已广泛应用。在核工业部门能用于结构复杂的部件如阀芯、阀杆、泵、过滤器花板、切割工具等工件和仪表杆的去污。去污系数可达 10~1 000。超声波去污不适用于混凝土和能吸收超声能量物件的去污。

超声波去污具有去污效果好、效率高、二次废物少及可远距离操作等优点。为扩大超声波去污的应用范围,可采用大容量、高功率密度的超声波去污装置;采用大尺寸的去污槽,可对大件物体进行去污。如果超声加化学试剂把超声波去污和化学法去污结合起来,可增大去污系数,获得更好的去污效果,缩短单纯化学法去污的时间。

8.1.3 激光去污

激光是一种单色性、方向性好的光辐射。用激光束照射金属物质表面使其烧蚀,或者利用特种气体与核素发生光化学反应而气化,使放射性核素从污染表面逸出。激光烧蚀和光化学反应效率高,污染的金属物表面能够得到很好去污。激光去污技术的优点:利用光纤和智能化技术可实现远距离操控,速度快、去污效率高,去污系数大于100,产生的二次废物少。激光去污产生的烟尘中含有放射性核素,因此必须有一套可控制和收集烟尘的设备,以确保操作人员和环境的安全。

激光去污的原理是通过透镜组合聚焦光束,把光束集中到很小范围内,在焦点附近的污染层产生几千摄氏度甚至几万摄氏度的高温,而基体材料的温度几乎无变化,热膨胀/热应力使表层污染物瞬间气化或蒸发剥离。短而强的激光脉冲对基材影响很小,采用适当的激光波长和激光参数,可以做到不损伤基材。激光去污通过光纤传输进行遥控操作。

激光去污是在极短时间内完成的"干式清洗",不用介质,避免后续要处理大量废液,去污效率高,可远程自动化操作,适用于金属物料的去污。激光去污机制有两种:一是利用激光束将金属表面烧蚀;二是利用特种气体与核素发生光化学反应而使表面气化。激光去污时物体表面的锈垢、涂层和氧化膜层消融产生的挥发物,用真空系统和多级过滤器捕集,产生的有机物用活性炭床捕集。

激光器有 CO_2 激光器、氪/氟气激光器、钕/钇铝石榴石激光器、紫外激光器等。激光去污技术早已在半导体元件、模具、文物等清洗中应用并凸显优越性。

激光去污适合于热点去污,用于去除热室、墙壁和地面上的放射性核素污染热点,也可用于水下去污。美国水下激光去污将乏燃料水池壁上的污染层剥离,避免产生放射性气溶胶。

采用 CO_2 激光器(平均功率 2 kW,波长 10.6 μm)去污,产生的温度可高达 10 000 ℃,使物体表面涂层完全气化,金属氧化物消融。二次废物只是报废的过滤器芯,二次废物减少 70%。激光去污速度快、效率高,利用人工合成钇铝石榴石(YAG)激光器可以方便实现遥控去污,也有用 KrF 激光器去污。

日本动燃事业团用高功率脉冲 CO_2 激光器清洗金属表面铀污染物,除污率达 99%以上。俄罗斯开发的激光除锈技术,用直径 12 mm 的激光束在金属表面扫描,锈斑和氧化物很快蒸发,而且还能改变金属的微米厚表层结构,防止锈斑再生成。图 8.8 示出手持激光器去污。

中国原子能科学研究院用 APEX 放电型准分子激光器作为激光光源,建立激光实验去污装置,对不锈钢放射性污染模拟样片开展了激光辐照强度、脉冲频率、扫描速度和辐照角度等去污工艺参数的研究。研究表明,对于 25 Bq/cm^2 污染水平的不锈钢模拟样片,去污系数达到 100~300,有效降低了金属表面的辐照剂量。

图 8.8　手持激光器去污

苏州热工研究院已进行多年激光去污研究,研究了激光去污机理,研制了放射性管道激光去污工艺及装置,实现放射性污染管道激光去污工程验证等,已申请专利十多篇。研究得出结论:激光去污的决定因素是激光入射能量,过高的能量输入,使表面发生轻微熔化,导致粗糙度轻微上升;对 45 号钢,热应力增加,微裂纹萌生;对 316L 不锈钢,局部熔化、快速凝固、近表层相变层增厚,随着激光功率增加,去污厚度不断增加。功率达到 400 W 时,表面氧化物基本被去除干净,露出基体表面。

对核电厂不锈钢管道进行激光去污实验,去污的清洗阈值接近 3.96×10^{3} W/cm^{2},基体损伤阈值约 5.52×10^{3} W/cm^{2}。对大亚湾核电站 RCP 弯头(12 寸①和 14 寸)的激光去污工程化应用,去污后达到熔炼解控标准。

对中核四川环保工程有限责任公司(原中国核工业集团有限公司 821 厂)金属化工管道的激光去污工程化应用(图 8.9),去污因子最高 112.8,去污后剂量率下降 98.6%。3 次去污后,金属管道内表面的腐蚀物在激光的作用下被去除,且未改变表面形貌,露出金属底色。激光去污设备和技术已在大亚湾核电站的燃料搁架、主泵水力部件获得应用。

苏州热工研究院激光去污研究建立的激光去污试验平台功能如下:

(1)手动/自动激光去污操作;

(2)智能化检测;

(3)实时检测高度;

(4)视觉引导产品定位;

① 1 寸≈3.33 厘米。

(5)运动画面实时显示;
(6)主动识别技术;
(7)激光头自适应调整;
(8)粉尘、气溶胶废物回收处置。

图 8.9　对金属化工管道内表面的腐蚀物进行激光去污

中国核动力研究设计院以 350 W 纳秒脉冲光纤激光器为基础,搭建激光去污实验装置,针对激光功率、脉宽、频率、线间距、扫描速度等关键参数开展了一系列激光剥离去污工艺实验,实验结果得出激光去污工艺规律和不同去污深度的最佳工艺参数,并以核电厂控制棒水池贮存搁架底板为对象开展验证实验。验证实验结果显示,采用激光去污技术,去污深度达到 10 μm 后,样品表面的 β 射线污染水平已低于 0.8 Bq/cm^2,达到清洁解控的标准。

核工业理化工程研究院研究开发了多种激光去污装备,包括自动式、手持式等,可用于设备、管道、部件等的去污。

8.1.4　微波去污

微波去污不适合于金属物件的去污,但适合于混凝土去污。微波去污是利用微波进行加热,使混凝土所含的水分蒸发,发生碎裂,将污染的放射性核素释出,并用真空吸尘器吸走,达到去污目的。

微波对混凝土表层加热,使 1~2 cm 深的混凝土表层中的结合水汽化而产生内压,该内压与微波迅速加热产生的热应力一起发挥作用,使混凝土表面破坏,形成碎屑或粉末,由密切配合的真空系统收集。如果表面涂有油漆,水分含量不小于 1%,微波去污技术对这种涂油漆的混凝土同样有好的去污效果,但是这种去污设备比较大,正在研究改进。

8.1.5　等离子体去污

等离子体去污是一种干法去污技术。众所周知,物质有 5 种形态:气态、液态、固态、等离子态、凝聚态。在等离子态物质中存在着高速运动的电子、中性原子、分子、原子团(自由基),离子化的原子、分子和紫外线,未反应的分子、原子等。等离子体分为低温等离子体和高温等离子体。等离子体去污利用低温等离子体(温度几千摄氏度)内的各种高能量物质的活力,将附在物体表面的垢物和放射性污染核素去除。

等离子体去污可对金属、高聚物、玻璃、陶瓷等不同材料的基体去污。现在,国内外市场上已有许多品种和型号的等离子体清洗机,其在民用工业和科学研究工作中应用广泛。

等离子体去污有如下优点:

(1)适用于多种基材的物件,如金属、高聚物、玻璃、陶瓷、塑料等;

(2)可用来对结构复杂的物件做去污处理;

(3)不用化学药剂,是一种绿色去污方式;

(4)清除的污染物可用真空吸出,二次废物少。

等离子体去污不足之处为适合于小面积的小型物件,现在放射性污染物用等离子体去污尚不普遍。

8.2　化学法去污

化学法去污基于化学药剂的溶解、氧化、还原、络合(螯合、配合)、表面活性、钝化、缓蚀等化学作用,除去带有放射性核素的污垢物、油漆涂层、氧化膜层,去除造成污染的放射性核素,并保护基体材料。化学法去污适用范围广,用得最多。良好的化学去污剂应具备以下条件:

(1)良好的表面湿润作用;

(2)溶解力强;

(3)对基体无显著腐蚀;

(4)良好的热稳定性和辐照稳定性;

(5)不易产生沉淀物;

(6)去污过程中产生的废液容易处理或可回收再利用;

(7)价廉,容易买到。

8.2.1　常用的化学去污剂

化学法去污常用的化学去污剂种类很多,如表 8.3 所示。

表 8.3　常用的化学去污剂

化学去污剂	应用状况	特性
无机酸及其盐类	硝酸用得较多,硫酸、磷酸、盐酸用得较少,氢氟酸和王水不用	去污效果好,但要考虑腐蚀性和二次废物的处理
有机酸及其盐类	草酸、柠檬酸、酒石酸、甲酸、氨基羧酸等及其盐类	弱还原性,有络合能力,腐蚀性小
碱及其盐类	NaOH、KOH、Na_2CO_3、Na_3PO_4 等	专用特效性强
络合剂类	EDTA、NTA、DTPA、HEDP、聚磷酸盐等	应防止生成沉淀物,要考虑二次废物的处理
氧化还原剂类	$KMnO_4$、$K_2Cr_2O_7$、H_2O_2、O_3、Ce^{4+}、过硫酸钾、连二硫酸钠、羟胺、肼等	使不溶态转变为可溶态
表面活性剂类	亲水基为极性官能团,如羧基、硝基、疏水基多为羟链; 阳离子型、阴离子型、两性离子、非离子型	湿润表面、活化表面、降低溶液表面张力、促进去污剂与物体表面接触等
去垢剂类	丙酮、乙醇、四氯化碳、石油磺酸等	去除油脂物,使去污剂更好地发挥作用

氟利昂是在较低温度下即可挥发的惰性溶剂,黏度低、表面张力小,容易渗入缝隙中,不导电、不着火、腐蚀性小、二次废物少,特别适用于电器设备、电缆和防护衣具的去污。但由于它对大气臭氧层有破坏作用,根据生态环境保护要求,氟利昂的生产和使用受到限制,因此,此法现已不用或少用。

常用的化学去污剂分无腐蚀型、低腐蚀型和高腐蚀型。

(1)无腐蚀型

普通高压水+1%洗涤剂,弱酸性,pH 为 3~5,弱碱性,pH 为 9~10。

(2)低腐蚀型

弱酸性,pH<1,如 0.5%~5%柠檬酸,5%~20%的磷酸。

弱碱性,pH>10,如 5%Na_2CO_3+1%H_2O_2。

有机溶剂型,如丙酮、二氯甲烷等。

(3)高腐蚀型

强酸性,如 20%HNO_3+3%HF,25%HCl

强碱性,如 10%NaOH+3%$KMnO_4$

化学法去污又分为稀化学去污(软去污)和浓化学去污(硬去污),两者比较见表 8.4,三大无机酸对金属去污功效的比较见表 8.5。

表 8.4　软去污和硬去污比较

化学去污	软去污	硬去污
特性	化学试剂含量小于 1wt%,DF=2~10,部分除去氧化膜层,不腐蚀基体金属	化学试剂含量大于 1wt%(5%~25%),DF=10~100,全部除去氧化膜层,腐蚀基体金属
优点	腐蚀轻,去污剂易再生,可多次使用,废物量小,仅除去表面污染物,不破坏基体	去污率高,去污时间短,可除去深部固定污染
缺点	去污率低(通常 DF<10),去污时间长	腐蚀性大,会破坏基体,二次废物多、处理困难

表 8.5　三大无机酸对金属去污功效的比较

酸名	盐酸(HCl)	硝酸(HNO_3)	硫酸(H_2SO_4)
主要去污用途	不锈钢,铬钼钢,碳钢,铜合金	不锈钢,因科镍合金,铜合金	局部区域
浓度/($g \cdot L^{-1}$)	10	100	100
去污系数	10	10	2
腐蚀性	对钢强腐蚀	对碳钢腐蚀性较强	对碳钢、不锈钢强腐蚀
使用温度/℃	70	75	70
去污时间/h	7	1	1
废物处理	中和,过滤和蒸发	中和,过滤和蒸发	中和,过滤和蒸发

针对不同金属,可采用适当的化学去污剂去污,例如:

(1)不锈钢:硝酸+NaF,HNO_3(10%),草酸,柠檬酸,硫酸+H_2O_2,氨基磺酸,磷酸钠;

(2)碳钢:磷酸,硫酸氢钠,草酸,盐酸(10%);

(3)铝:稀 NaOH,柠檬酸,去垢剂;

(4)铜:稀硝酸;

(5)铅:稀硝酸,浓盐酸。

8.2.2　铈氧化法去污

铈氧化法去污是将强氧化剂 Ce^{4+} 作为去污剂实施去污,正四价铈 Ce^{4+} 有强氧化能力,可溶解金属表面的氧化膜,特别是溶解氧化铬,它能把 Fe、Co、Ni 氧化到高价。铈氧化法适合于核设施退役污染管路的在线去污或污染金属切割件的离线去污。Ce^{4+} 的突出优点是强氧化性,可将不锈钢或其他金属表面氧化层或金属基体溶解从而实现去污,但去污后未反应的 Ce^{4+} 残留于废液中,对后续放射性废液贮存设备和处理设施构成安全危害。为实现

Ce^{4+}去污工艺的良好操作性和二次废液产生量最小化，通常为 Ce^{4+} 提供良好载体，如凝胶、泡沫，一定量的有机质，如增稠剂、发泡剂等，方便后续废液的处理。

铈氧化法去污产生的废液均有残留的 Ce^{4+}，采用 H_2O_2 或抗坏血酸还原法处理，可消除其影响，保证后续废物处理设施的安全。

按 1 mol H_2O_2 还原 2 mol Ce^{4+} 的比例加入 H_2O_2，去除废液中残留的 Ce^{4+}；而与抗坏血酸反应的摩尔比例为 6∶1。抗坏血酸反应速度相对较慢，并且抗坏血酸的氧化产物较为复杂，会在废液中引入有机物杂质，为此推荐 H_2O_2 还原法。废液中含有的铵离子在后续贮存、处理过程中可能有 NH_3 释出，对环境和人员造成影响。将废液 pH 调节为 11～12，加热煮沸 20～30 min，废液中铵离子的去除率高达 90%以上，可显著降低或消除废液处理过程中的 NH_3 释放，保证作业人员的安全。废液中残留的有机质，如发泡剂，对后续废物处理工艺造成影响。采用臭氧氧化法处理工艺，88 h 处理时间内，可有效去除废液中的有机质，降低其影响。

为了减少二次废物，对消耗的铈进行再生，再生方法有两种：

(1) 臭氧氧化法 $2Ce^{3+}+O_3+2H^+ = 2Ce^{4+}+O_2+H_2O$；

(2) 电再生法，Ce^{3+} 在电解槽的阴极区氧化。

据报道，一种含有 0.01%～0.5%水溶性 Ce^{4+} 化合物和 0.1%～0.5%水溶性且在芳环上至少有一个酮基芳香族化合物的臭氧水溶液，对反应堆蒸汽发生器的去污效果非常好。美国西屋电气公司开发的铈去污法，用 1.5%～6% Ce^{4+}，去污过程迅速(<6 h)，温度 60～90 ℃。一步法去污系数可达 330，废去污剂可用离子交换或蒸发、固化等方法处理，二次废物体积小，是压水堆、沸水堆的优良去污方法。

8.2.3 臭氧去污

臭氧，又称超氧，是氧的同素异形体。臭氧具有很强的杀菌效果，是广谱、高效的杀菌剂，具有强氧化性。

洗衣水/淋浴水的放射性水平不高，但含有较多洗涤剂、尘粒、油污、纤维物、毛发和微生物等，不能直接排放，不宜蒸发处理。如果与其他废水混合，一起蒸发处理，因生成很多泡沫，大大降低蒸发处理的效果和去污作用。

臭氧/活性炭/反渗透联合处理含洗涤剂的洗衣水/淋浴水类废水。臭氧可破坏近 75%洗涤剂物质，废水再通过活性炭时，残余的洗涤剂都被除去，然后再通过反渗透设备。若后面再加一级阳离子交换，可达到“近零污染”排放，大大降低废水量。

8.2.4 化学法去污工艺

化学法去污工艺不断发展创新，早先多用浸泡工艺和冲洗工艺，现在开发了喷涂工艺和可剥离膜工艺。4 种工艺简述如下：

（1）浸泡工艺是将污染物浸泡在装有去污剂的槽中，辅以搅拌和加热，达到去污目标后取出物体，用水冲洗晾干。

（2）冲洗工艺是用去污剂循环冲洗污染物，达到去污目标后，物体用水冲洗晾干。

（3）喷涂工艺是将去污剂做成糊膏、凝胶或泡沫物，涂刷在污染物上，维持作用一定时间，达到去污目标后，物体用水冲洗晾干。这是近年来新发展的工艺。

（4）可剥离膜工艺是将去污剂做成可剥离膜，喷涂在污染物上，将污染的核素摄取进可剥离膜中，达到去污目标。这也是近年来新发展的工艺。

化学法去污应用最广泛，几种化学法去污效果的比较见表 8.6。化学法去污的去污效果与去污核素和去污剂的种类、浓度、作用时间、温度、搅拌等工艺条件有关。一般，多种去污剂交替使用比单一去污剂连续重复使用效果好。更换去污剂时，漂洗不可少，以防止化学试剂相互干扰。

表 8.6　几种化学法去污效果的比较

去污元素	沉淀	过滤	活性炭	石灰–苏打	离子交换	反渗透
锶	××	××	×	××××	×××	××××
碘	××	××	×××	×	×××	××××
铯	××	××	×	××	×××	××××
镭	××	×××	××	××××	××××	××××
铀	××××	×	××	××××	××××	××××
钚	××××	××	×××	×	××××	××××
镅	××××	××	×××	×	××××	××××
氚	不可能去除					

注：×表示去除率为 0～10%；××表示去除率为 10%～40%；×××表示去除率为 40%～70%；××××表示去除率>70%。

8.2.5　化学法去污的优缺点

（1）化学法去污的优点

①适用于难以接近的物体；

②费工少；

③可就地对工艺设备进行去污；

④易实行遥控操作；

⑤气载有害物的产生较少；

⑥设备条件容易满足；

⑦去污清洗液多数可再生使用。

(2)化学法去污的缺点

①往往产生较多的二次废液;

②可能产生既有放射性危害又有化学危害的混合废物;

③采用有机溶剂时,需要警惕热解和辐解作用产生的毒气和燃爆问题;

④可能产生强腐蚀作用;

⑤对多孔隙物体去污效果较差。

8.2.6 提高化学法去污效果的方法

(1)静态浸泡去污和动态浸泡去污方法过去用得很多,但二次废物多,现已少用。

(2)射流去污,很适宜大面积物件的去污,设计时应考虑循环使用去污剂,减少二次废物。

(3)循环去污特别适用于管道和系统的去污,设计时要关注去污剂的腐蚀性与防止去污过程的“气堵”和“物堵”,去污液要连通再生系统,做到方便复用再生,方便循环复用。

(4)做成可剥离膜或泡沫、糊膏或凝胶,涂刷在物体表面,特别适用于大面积的墙体或槽罐的表面去污。

8.2.7 可剥离膜去污

可剥离膜去污(strippable coating decontamination)利用由化学去污剂和成膜剂做成的具有多种官能团的高分子膜进行去污。

可剥离膜的成膜剂主要是聚丙烯酸树脂、聚乙烯树脂(如聚乙烯醇、聚醋酸乙烯酯)、聚氨酯、纤维素等。去污时用喷雾法或涂刷法将成膜剂喷刷于待去污物体的表面(约 1 mm 厚),干后成膜,成膜过程中去污剂中的络合剂特种官能团与污染核素发生络合或螯合作用,污染核素被萃取进膜中,剥掉涂膜便达到去污目的。可剥离膜去污的机理有化学作用、吸附沉淀作用、黏合团聚作用和萃合离子交换作用等多种机制。可剥离膜去污的主要对象为金属、陶瓷、玻璃、塑料、木材等多种基材,现在扩展到喷洒 PVA 成膜物用于土壤和草地的放射性去污。

可剥离膜去污多采用喷涂方式,喷涂前,先清除去污对象表面附着物,并测量放射性污染水平。喷涂工具简单,喷枪带可剥离膜试剂储罐和平嘴喷头,喷枪连接空气压缩机,喷涂压力(空气压缩机出口压力)以 0.3 MPa 为宜,喷涂距离以 25~30 cm 为宜。可剥离膜去污工艺示意图如图 8.10 所示。

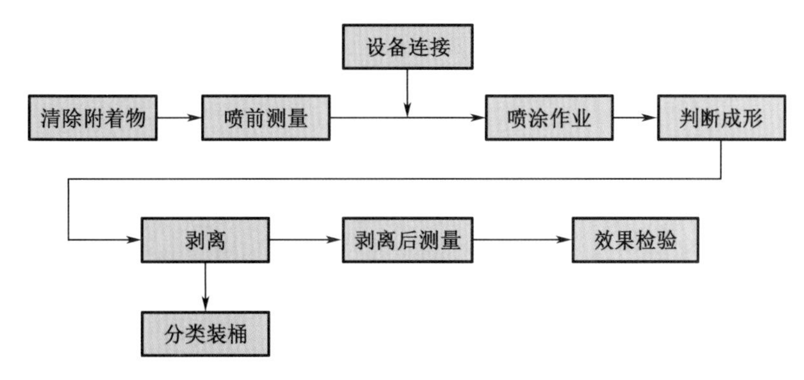

图 8.10　可剥离膜去污工艺示意图

成膜厚度根据不同基材及表面控制，一般冷漆墙面干膜厚度 0.3~0.5 mm，不锈钢表面干膜厚度 0.09~0.1mm，塑料表面干膜厚度 0.1 mm。一般喷涂 2~3 次，形成的可剥离膜应该均匀、密实、无气泡、不粘有杂物。喷涂后待干燥至少 2 h 后才可剥离，剥离下来的废膜压实装入废物桶内作放射性废物处理/处置。

市场上可剥离膜主要有三种类型：

(1)聚乙烯或聚氯乙烯系列；

(2)聚醋酸乙烯及其改性物系列；

(3)聚丙烯酸酯系列。

可剥离膜去污最适合于墙壁、地面、天花板和热室的去污，去污率可达 90%~99%。可剥离膜去污产生的二次废物只是一般化学法的 1/3，节省工时 1/2，节约费用 1/3，去污系数可达到 100。

剥离下来的废膜可作压缩或焚烧处理。新发展的一种自剥离膜干燥之后会自裂成鳞片，用长柄刷子或真空吸尘器很容易除去。还有新研发的水溶性涂膜遇水即溶解，黏附在上面的核素也一起溶解出来。

可剥离膜去污对表面光滑的物件去污效果好，对于多孔性粗糙物件、复杂结构部件及放射性核素已经渗入内部的污染情况，去污效果较差。

可剥离膜还能起到封闭、包容放射性核素的作用，可用来包容隔离物体，保护设备和工具不被污染和腐蚀。所以，概括起来可剥离膜有以下三大作用：

(1)去污作用；

(2)减轻退役切割解体操作时污染物的扩散；

(3)保护新设备不受污染和腐蚀。

国际上，从 20 世纪 80 年代以来，可剥离膜去污就已广泛应用。在国内，中国原子能科学研究院、清华大学、中国工程物理研究院、西南科技大学、西北核技术研究所、中国核工业总公司第四零四厂(404 厂)、中核四川环保工程有限责任公司、红沿河核电站、海洋化工研究院有限公司，都开发研究和应用可剥离膜进行放射性去污。

现在,可剥离膜去污技术向着去污效能和力学性能更好、使用更安全方便的方向发展,如自脆型、智能型(如加入荧光指示剂)等。

8.2.8 化学凝胶、糊膏去污

化学凝胶去污(chemical gel decontamination)将化学凝胶用作去污剂(如 $H_2SO_4/H_3PO_4+Ce^{+4}$)的载体,喷涂在待去污物体的表面上,使去污剂与污染表面维持较长时间的接触。作用一定时间之后,用水漂洗或通过喷淋除去凝胶物,物体表面得到去污。此法优点是二次废物较少。中国辐射防护研究院为扩大去污凝胶的应用范围,在原有配方的基础上,加入高分子成膜剂和增塑剂,通过物理共混改性的方式,制得可剥离去污凝胶。其设计了2种可剥离去污凝胶,进行喷涂作业时,去污凝胶用量为22wt%,成膜剂用量为7wt%,增塑剂用量为6wt%;进行刷涂作业时,去污凝胶用量为26wt%,成膜剂用量为6wt%,增塑剂用量为6wt%。现场实验用可剥离去污凝胶对不同材质的污染表面进行去污,测得不锈钢的去污率超过88.1%;油漆墙面的去污率超过87.8%;水磨石地面的去污率超过86.2%;铅玻璃去污率超过85.8%;碳钢表面去污率达到70.2%。

化学糊膏去污类似于化学凝胶去污。法国应用此法于G2/G3反应堆和PIVER玻璃固化中间工厂退役的去污,取得很好的去污效果。

8.2.9 泡沫去污

泡沫去污(foams decontamination)是利用压缩空气在机器内产生一定的压力,将泡沫去污剂和湿润剂加压喷涂在待去污的物体表面,形成泡沫层。泡沫中载带有酸(如草酸、柠檬酸和盐酸等)、碱、氧化还原剂和络合剂等有效去污成分。泡沫去污剂主要成分是乙醇胺(乙醇胺是理想的发泡剂及表面活性剂)和1-甲氧基-2-丙醇(重要的工业清洁剂、去锈剂和硬表面清洁剂)。泡沫去污时,泡沫会渗入物体表面和孔隙,使去污剂与污染表面维持较长时间的密切接触。经过一定时间之后,用水漂洗或喷淋物体,除去泡沫,实现对放射性污染物的清除。

泡沫去污适合于大体积空腔类和结构复杂的固体表面去污,尤其是精密仪器表面去污。据报道,泡沫去污应用于阀门的清洗,去污率超过70%。泡沫去污产生的二次废物少,仅为一般化学法去污废液产量的10%左右。美国西谷乏燃料后处理厂退役去污,将泡沫去污剂喷涂在设备室的内表面,停留时间为15~30 min,然后用高压热水冲洗,获得了很好的去污效果。

管道内表面的去污比较困难,据报道,用SAMIDIN泡沫喷射法去污大型管道(直径0.5~1.6 m,长2~3.5 m),取得了很好效果。此法的工艺过程为:

(1)喷射碱性发泡剂到管道内表面;

(2)喷射1~2次酸性发泡剂,每次维持作用时间20 min;

(3)用高压水(5 L/m^2)冲洗发泡剂,收集贮存产生的酸性或碱性废水,收集产生的金属碎屑和残渣。

碱性发泡剂是1.5 mol/L NaOH,含有稳定剂,用于改善泡沫的附着性,以喷射量2.5 L/m^{2}喷射金属表面。碱性剂使管壁脱脂,使后续的酸反应剂同铁和铁的氧化物很好反应。碱性发泡剂作用时间为20 min,然后用高压水冲洗。

酸性发泡剂是1.5 mol/L硫酸和磷酸混合物,能溶解铁氧化物和侵蚀金属表面,把放射性物质转移到溶液中,以喷射量2.5 L/m^{2}喷射金属表面,反应时间20 min,然后用高压水冲洗。产生的碱性发泡剂和酸性发泡剂废液在贮槽中混合,pH接近7,生成的盐是一种有效发泡剂。

美国洛基弗拉茨工厂用聚胺基甲酸乙酯泡沫,对土壤进行去污,4 m^{2}土壤覆盖5 cm厚泡沫,可去除85%的放射性物质。

泡沫去污对油漆、涂料、锈垢和复杂形状部件的去污效果都比较好,二次废物少。整个操作可由一套自动化设备完成。泡沫去污的平均去污率约为96%,总废液量少于20 L/m^2。去污1根管子大约花费2 h,工作人员受照剂量很低。中国辐射防护研究院对凝胶去污、糊膏去污和泡沫去污都做过开发研究。福建宁德核电站研发乏燃料换料水池泡沫去污。核电站换料水池位于反应堆安全壳内,包括换料腔和堆内构件贮存池两部分。核电站停堆换料检修期间,由于乏燃料具有极强的放射性,需要在换料水池中进行卸料、设备检查、打压试验、装料等操作,换料水池去污作业包括冲洗、刮水、擦拭以及污染热点普查、去污效果验收等,作业人员易受放射性照射及污染。国内核电站换料水池常用的去污方法主要为机械法去污、化学法去污、化学-机械法去污。大修期间要对换料水池进行几次充排水,所以去污次数较多、工作时间长、人员工作量大,参与换料水池去污工作人员的辐照剂量较高。宁德核电站和中国辐射防护研究院合作研发,利用泡沫去污对反应堆换料水池进行清洗去污,获得成功经验和满意效果:

(1)缩短冲刷作业时间,降低工作人员的辐照剂量,集体剂量率降低30%~60%。

(2)提高去污效率,卸料后表面污染擦拭取样结果平均12 Bq/cm^2,装料后表面污染擦拭取样结果平均3.8 Bq/cm^2,分别仅为原来的6.0%和7.7%。

(3)减少了放射性废物量,原来每次换料水池去污至少产生4袋以上的放射性活度高的废物,采用泡沫去污只产生3袋这样的废物。

8.2.10 超临界萃取去污

超临界萃取去污是用超临界流体萃取放射性核素。超临界流体是处于临界压力以上的流体。这种流体兼有气液双重性,即它既有气体的高扩散性、低黏性、可压缩性和渗透性,又有与液体相近的密度和溶解能力。当温度或压力有微小变化时,可引起临界流体的密度发生较大变化,密度改变会引起溶解度改变。在临界点附近,温度和压力的微小改变,可使溶解度产生几个量级的变化。用超临界流体去污,就是将待去污物件放在萃取室中,超临界流体与待去污物件接触,把 CO_2 加压到 300 个大气压,加热到 80 ℃,维持 20 min,然后抽出 CO_2。减压升温,使超临界流体变为普通液体,把萃取的放射性核素“释放”出来,从而达到去污目的。因为超临界流体表面张力小,扩散能力强,可进入待去污物件的微孔,所以可用于复杂结构物件的去污。

超临界萃取去污,例如用含冠醚(DCH18C6A),二乙基己基磷酸(D2EHPA)和苦味酸的超临界 CO_2,可除去不锈钢表面污染的铀、超铀核素与钴、锶和铯。超过 90%的铀和超铀核素硝酸盐可从不锈钢表面除去,一次去污效果为:

α 放射性核素去除率超过 90%,β/γ 放射性核素去除率为 70%~75%

去污方法:将样品放在萃取室中,超临界 CO_2 加压到 300 个大气压,加热到 80 ℃,维持 20 min,然后抽出 CO_2。超临界 CO_2 中也可加入 TBP、β-二甲酮,硫代硫酸或其他络合剂。

超临界萃取去污的优点是:去污效率高,去污时间短,超临界流体可以再循环使用,二次废物少,对去污物件的腐蚀作用小。

超临界萃取去污的缺点是:去污过程在高压下进行,设备一次性投资大,去污过程非连续操作,生产效率较低。

超临界萃取去污是一项发展中的技术,需要进一步弄清放射性核素在超临界流体中的溶解度规律,溶解机理,超临界流体、配位体、改性剂和基体之间的相互作用关系,优选更好的超临界流体、配位体和改性剂,以及更好的运行参数(如温度、压力、流量、时间等)。

8.3 电化学法去污

电化学法去污现在用得最多的是电解去污。电解去污又称电抛光去污,电解和电镀是相对的过程,电解去污是一种阳极溶解技术,去污时待去污金属物件放在电解槽中作为阳极,在直流电作用下污染表面层均匀溶解,表面层污染的核素溶解进入电解液中。电解去污的电流密度为 20~50 A/cm^2,工作温度为 20~60 ℃。去污功效取决于选择合适的电极、电压、电流密度、温度和电解液,去污系数可达到 10^4。

电解去污的电解液选择十分重要,通常用磷酸,也可用硝酸,也有用有机酸。现在还发展了碱性电解液和中性电解液的电解去污。电解装置具有加热、搅拌电解液和控制蒸汽释放以及冲洗容器等功能。如果电解液中铁含量超过 100 g/L,会出现磷酸铁沉淀,使电解去污效率降低,因此要定期更换或再生电解液。

电解去污的优点:去污效率高、去污速度快,电解液经处理可重复使用,二次废物少,可远距离遥控操作,去污后部件表面层变得光滑均匀,被氧化保护膜覆盖后不易发生二次污染。

电解去污的缺点:只适合于金属物件,不适合于复杂结构物件的去污,当物件表面有油脂、油漆类物质时,要预先除去。电解去污的应用受到电解槽大小的限制,要处理大型物件需建造大型去污槽。

电解去污的原理如图 8. 11 所示,电解去污装置如图 8. 12 所示。

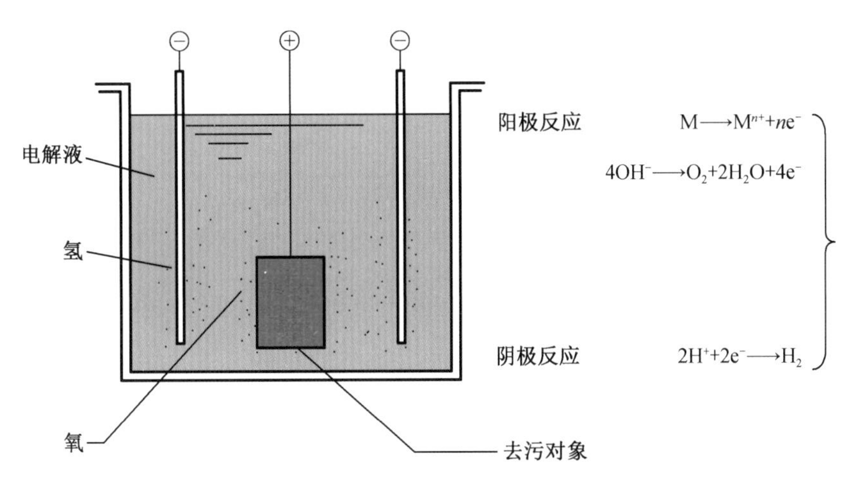

图 8. 11　电解去污的原理

图 8. 12　电解去污装置

电解(电抛光)技术我国开发研究早,应用广泛,转向用于放射性去污有较好基础,比较容易实现,但需要重视废电解液中含有去除下来的放射性核素,要作为放射性废液处理和处置。

中国工程物理研究院材料研究所、中国辐射防护研究院均曾研制过移动电解去污装置。中国核动力研究设计院研究设计的手持式电化学实验装置通过电化学法溶解金属表面的极薄层,使表面形成一层氧化膜并变得平滑,不管是何种核素污染,均可达到去污的目的,可实现不易拆卸大型工件的局部(ϕ 50 mm)的“热点”去污。最优电化学法去污工艺参数为 10 mol/L 硝酸电解液,电流密度为 0.3 A/cm^2,电极间距为 0.4 cm。在室温条件下电解 30 s 后发现,试验样片表面形成的氧化膜厚度大于 10 μm;此方法对试验样片表面^{60}Co 污染的去污率超过 99.9%,可使污染降低至环境本底水平。结合现场去污验证的结果表明:电化学法去污时间短、去污效率高、二次废液少,对台架表面放射性锈蚀污染的去污效果明显。但在去污过程中需要将去污接触面密封以防止放射性去污液泄漏,不适合于曲面工件去污。

8.4 熔炼法去污

熔炼法去污是把低污染放射性核素的金属置于熔炼炉中进行高温熔炼。在熔炼过程中,加入助熔剂与废钢铁,采取造渣措施,使污染金属中的放射性核素富集到熔渣中,少部分进入烟尘中。

核设施中有许多金属设备,在使用过程中遭到不同程度的污染。国际上,核设施退役产生的污染金属数量很大,目前,污染的钢和不锈钢几十万吨/年,污染的铜、铝、铅几万吨/年。退役产生的污染金属不能都当作放射性废物处置,经过适当去污之后,许多可以再利用。但是,回收熔炼要在审管部门批准的专门设施中进行。

污染金属熔炼去污是回收利用低放射性核素污染金属的好办法。熔炼出来的金属铸锭可以控制使用,但不能视为已清洁解控物;若用来制造乏燃料容器、废物容器(废物桶/废物箱)或屏蔽体,返回核工业内部使用,可放宽尺度复用,但是,流入社会者必须严格检测。《核设施的钢铁、铝、镍和铜再循环、再利用的清洁解控水平》(GB 17567—2009)中给出了物料清洁解控的剂量准则和钢铁、铝及镍物料中的解控水平值。明确指出放射性污染金属表面污染水平和体污染水平均应等于或低于标准给出的清洁解控水平,经审批并经再熔炼后可作为原材料利用。也就是不能只检测铸锭表面污染水平和辐射水平,要测定铸锭内部核素种类与体比活度是否达到标准。流入社会者必须依法严格控制。欧洲共同体污染金属再利用推荐值见表 8.7。中国辐射防护研究院的专家对废钢铁熔炼后利用的剂量控制限值做过不少研究。

表 8.7 欧洲共同体污染金属再利用推荐值

放射性/(Bq·g^{-1})	材料再利用场合	备注
<1	无限制再利用	
1~13	核用设备	个人累积剂量<5 mSv/a
13~60	制造废物桶	
60~250	容器生物屏蔽层	1 m 处剂量率<0.01 mGy/h, 运输要求剂量率<0.1 mGy/h

8.4.1　污染核素的走向

污染金属熔炼工艺为：先分拣污染金属（特别要分出铅，铅熔点低，铅蒸气极毒），剪切成小块，可用水力喷砂去除表面放射性污染，干燥后送入熔炉。常用熔炉为电弧炉和中频感应炉。污染金属熔炼设备包括：熔炉、循环水冷却系统、通风除尘系统、供电系统、吊运系统等。熔炼法产生的二次废物主要是熔渣和废过滤器芯，两者约占熔炼金属的 4%。图 8-13 所示为污染金属熔融处理。

图 8-13　污染金属熔融处理

中国辐射防护研究院用铀浓缩级联试验装置熔炼回收金属 1 360 t，产生 50 t 放射性废物，得到以下经验：

（1）熔炼使铀污染物有效进入炉渣中，炉渣中铀分布相当均匀。炉渣为陶瓷状物，坚硬不溶于水，适当包装之后可直接处置。

（2）熔炼温度以高于金属熔点 200~300 ℃为宜，熔炼时间越短，去污效果越佳，只要金属完全熔融就应进行浇铸。

（3）铸锭中残留的铀量，主要取决于助熔剂碱度，当碱度为 1 ∶ 1.3 时，去污效果最佳，铸锭中残留铀量≤1ppm[①]，金属回收率≥96%。

污染金属熔炼去污，回收利用污染金属，须加入适当的助熔剂，使放射性核素进行重新分配、均匀化、固定化，导致放射性核素进入炉渣中。熔炼时，选好助熔剂十分重要，针对不同的污染金属常采用的助熔剂如下：

碳钢、不锈钢：CaO、CaF_2、NaF、KCl、$BaCl_2$ 等；

---

① $1ppm=10^{-6}$。

铜：Na_2CO_3、$Na_2B_4O_7$ 等；

铝：NaCl、KCl、CaF_2、Na_3AlF_6 等。

熔炼法去污的效果，与加入的助熔剂、熔炼温度、熔炼时间有很大关系。污染金属熔炼时，放射性核素走向如下：

(1) 铀、超铀元素、^{90}Sr 等绝大部分进入炉渣中；

(2) ^{58}Co、^{60}Co、^{63}Ni、^{55}Fe、^{64}Mn 、^{64}Zr 等绝大部分进入铸锭中；

(3) ^{137}Cs、^{65}Zn 等大部分进入尾气，少部分进入炉渣中。

一般，熔炼 100 t 污染钢铁，产生约 3 t 炉渣和 1 t 废过滤器芯与其他废物。污染金属熔炼放射性核素的分配情况见表 8.8。

表 8.8 污染金属熔炼放射性核素的分配情况

单位：%

分配情况	α 放射性			β 放射性				γ 放射性						
	^{235}U ^{238}U	^{241}Pu	^{244}Am	^{3}H	^{55}Fe	^{63}Ni	^{90}Sr	^{60}Co	^{134}Cs ^{137}Cs	^{110m}Ag	^{154}Eu	^{144}Ce	^{54}Mn	^{65}Zn
铸锭	1	1	1	—	100	90	3	90	<1	95	5	50	95	<1
炉渣	98	98	98	—	<1	10	95	10	45	5	95	50	5	10
粉尘	1	1	1	—			2	<2	55	<1	<1	<1	<1	90
排气				+										

熔炼得到的产品，应测定其表面污染水平和体比活度。由于熔炼之后放射性核素不是十分均匀地分配在铸锭内，放射性核素的体比活度准确测定比较麻烦。

8.4.2 污染金属熔炼去污的意义和作用

污染金属熔炼去污有很好的经济意义和环保意义：

(1) 污染金属去污后可得到再循环、再利用，节约资源；

(2) 可使具有复杂几何结构、难以去污的金属部件得到去污；

(3) 污染金属的大部分污染核素进入炉渣中，大大减少待处置废物的体积，实现废物最小化；

(4) 减轻废物处置场因容积不足导致的压力。

国际上，美国、德国、法国、瑞典、挪威等许多国家都建有放射性污染金属熔炼厂。德国 Siempel Kamp 的 CARLA 厂处理过大量污染钢铁，用于制造 MOSAIK 和 CASTOR 废物容器。瑞典的 STUDSVIK 厂、法国马库尔的 INFANTE 厂和美国橡树岭的科学生态集团与制造科学公司都经营放射性污染金属熔融处理业务。为处理苏联切尔诺贝利事故产生的污染钢铁，乌克兰建造了一个污染钢铁熔炼厂，设一个电弧炉和一个中频感应熔炉，熔炼污染钢铁能力为 10 000 t/a。

湖南核工业宏华机械有限公司在 20 世纪 80 年代与核工业五所、六所和中国辐射防护研究院等单位合作，进行了大量放射性铀污染金属熔炼去污的研究。2004 年中核金原铀业公司获批在湖南核工业宏华机械有限公司设立铀矿冶系统放射性污染金属熔炼去污中心，2007 年达到 3 200 t/a 处理能力（黑色金属约 2 500 t/a，有色金属约 800 t/a），数年来已为多个单位处理铀污染金属 30 000 余 t，熔炼产品主要用于生产废物桶、屏蔽材料以及矿用设备和备件等。湖南核工业宏华机械有限公司经过对核电站废旧金属熔炼再循环再利用的研究，于 2019 年获国家国防科技工业局批准建立“核电站 300 t/a 废金属处理示范”熔炼设备。该设备 2020 年用田湾核电厂废旧金属熔炼进行了验证试验，现正用于处理秦山核电站 300 t 废旧金属。目前，中国核工业总公司第四零四厂和中国四川环保工程有限责任公司也相继建了废旧金属熔炼炉。我国发布了《核设施的钢铁、铝、镍和铜再循环、再利用清洁解控水平》（GB/T 17567—2009），规定了这四种废金属（含不锈钢）材料、设备和工具再循环再利用清洁解控水平，还列出了运输司机、熔炉操作工人、熔炼产品利用、炉渣处理、尾气排放等环节的照射情景和受照剂量。

8.4.3　污染金属熔炼去污的关注要点

放射性污染金属熔炼需要关注的主要问题：

（1）选好熔炉，不同类型金属（如钢铁、铝、镍、铜、铅等）分开熔炼；

（2）进料要分出非金属，不让塑料、油漆等以及易爆物进入熔炉；

（3）污染金属进入熔炉前要做分拣切割，不带游离水；

（4）针对污染金属类型和污染的核素，选好助熔剂，使污染核素尽可能多地进入炉渣；

（5）因为炉渣中含有放射性核素，炉渣要检测比活度，固化整备后才能处置；

（6）产出的铸锭要做检测，控制其去向与使用，流入社会者要严格控制；

（7）重视辐射防护，特别是尘埃和气溶胶污染；

（8）关注熔炉的节能减排。

2011 年 9 月 2 日，法国马库尔污染金属熔炉发生爆炸，造成 1 人死亡，4 人受伤，其中 1 人深度烧伤。伤者没有放射性污染，建筑物没有破坏，没有放射性外释，但在公众和社会上造成较大影响。该熔炉接收低放和极低放废金属，中频电磁感应炉在 1 600 ℃熔炼，处理能力为 4 500 t/a。事后查找爆炸原因，发现有熔炉中进入湿物料、冷却水管故障、进料架桥、熔炉耐火材料破裂等原因。据报道，电磁感应熔炉多发蒸汽爆炸事故。

8.5 生物法去污

简单的生物法去污是利用喷枪、刷子或滚筒将含微生物的溶液涂刷在待去染物体的表面,经过一定时间,微生物耗尽后,用洗涤剂洗掉反应产物和微生物,或者让它自行干燥脱落,达到去污目的。生物法去污工作人员需要穿戴防护服装,包括衣帽眼镜和面具等,工作环境要适当封闭隔离。

生物法去污在非核领域已有广泛应用,对于放射性去污,是一种尚处于研究开发阶段的新技术。

8.5.1 生物法去污机理

生物法去污主要是利用微生物的多种作用来实现的,如:

(1)甲基化作用。

(2)脱羟作用。

(3)氧化还原作用,如,$Hg \rightarrow Hg^{2+}$,$Au \rightarrow Au^{+}$,$Ag \rightarrow Ag^{+}$,$As \rightarrow As^{3+}$,$CrO_4^{2-} \rightarrow Cr^{3+}$,U(Ⅵ)→U(Ⅳ)等。

(4)催化作用,微生物产生的酶物质可能具有催化作用,如生物催化脱硫是一种利用微生物的生物炼油新技术。

(5)降解作用,如微生物破坏 EDTA 和钴的结合,而将 ^{60}Co 释放出来,起到去污作用。

(6)有些细菌能产生 H_2S,有些细菌能产生 HPO_4^{2-},溶度积小和容易形成硫化物、磷酸盐沉淀的核素易沉淀。噬硫杆菌可使难溶的金属硫化物转变成可溶性的硫酸盐。有些微生物能把含硫矿物质分解形成 S^{2-} 和放射性核素离子,生成难溶性沉淀物。有些微生物能吞噬顺磁性或铁磁性元素的硫化物或磷酸盐,因此利用微生物可通过强磁性分离器达到分离和浓缩核素的目的。

8.5.2 生物法去污设备

先进的生物法去污技术采用各种形式生物反应器,如:

(1)固定床式生物反应器;

(2)回转式接触器;

(3)生物流化床;

(4)空气提升生物反应器;

(5)涓流生物过滤器。

生物反应器可以连续操作,处理量可做到每天几百立方米,生物反应器可以再生利用。

8.5.3　生物法去污的研发与应用

生物法处理铀污染水有两类方法:一类方法是利用微生物将有机磷化合物转化成磷酸盐,磷酸盐和铀作用生成铀沉淀物,从而除去水中溶解的铀。另一类方法是将微生物注入铀污染的地下水中,微生物把六价铀还原成为四价铀而沉积下来,使被铀污染的地下水获得净化,此类方法已成功应用。

核武器在制造过程中产生相当多的放射性污染的油品,美国洛斯阿拉莫斯国家实验室和加利福尼亚大学合作,在洛基平原工厂试验微生物降解法处理核污染油,这种油含有少量重金属和钚等核素,不允许用一般焚烧法处理,长期贮存会对环境安全造成威胁。科技工作者研究发现,用微生物进行处理,钚的回收价-效比好。核武器生产设施利用的含氯氟羟和氯代羟等有机溶剂的污染给环境带来危害,美国萨凡那河核基地研究用微生物降解技术治理被三氯乙烯和四氯乙烯污染的场址土壤。

英国 BNFL 公司和美国 INEFL 公司联合开发,用硫杆菌对混凝土进行生物法去污。把硫杆菌和培养液喷到待去污的混凝土墙壁表面,维持细菌的降解作用,然后处理表面的降解物质。生物净化可深入混凝土表面以下 2~4 mm,比机械磨削或刮刨省力,不产生很多尘土,二次废物少,工作人员受照剂量小。但该法所需时间较长,根据污染水平和净化要求,去污时间可能要几个月甚至更长。

EDTA 是很强的络合剂,对^{60}Co 有很好的去污作用,常用作去污剂和清洗剂,但产生的二次废物 EDTA-^{60}Co 难以处理。研究发现,利用微生物降解破坏 EDTA 络合物,能有效地把^{60}Co 释放出来。

有机闪烁液广泛用于测量低能 β^-放射性,废弃的有机闪烁液不允许随意做焚烧处理,美国爱达荷国家工程和环境实验室验证,用生物法处理废弃的有机闪烁液可获得满意的效果。

核活动产生的废塑料和废树脂焚烧处理不理想,芬兰研究发现用生物法处理低放射性废树脂有很好的效果。

8.5.4　生物法去污的优缺点与发展前景

生物法去污基于微生物的作用,微生物的繁殖受温度、pH、湿度和养分的影响很大。温度一般以 25~45 ℃为宜,温度升高,生物降解的速率升高,但达到一定温度后如再升高温度,会使微生物死亡,导致降解速率迅速下降。大多数微生物适宜生存的 pH 条件为 5.0~8.5。pH<5.0 或 pH>8.5 不利于微生物的生存。

生物法去污的优点:生物法去污成本低,管控操作简便,适用于大体积、低活度放射性、含重金属和有机物的污染物的去污,针对性强。

生物法去污的缺点：效率较低，去污速度较慢，受微生物活性制约大，微生物的活性取决于养分、氧量、pH、Eh 等条件。

研究生物法去污机制和机理，优选生物品种和改进生物法去污工艺，还有许多工作要做。已发现有些植物喜摄取土壤中某些微量放射性核素，有些贝壳类生物喜摄取海水中微量放射性核素。这种富集微量放射性核素的作用，已试用于对土壤和海水去污，但是其效率很低。另外，防止二次废物的扩散污染十分重要，即防止富集有微量放射性核素的植物和贝壳被人食用或利用，对人类和生态环境造成损害。所以，生物法去污要推广应用，需要扩大试验和热验证，并制定相关管理规定。

8.6 物理法、化学法和熔炼法的比较

现在，世界上用得较多的放射性核素的去污方法是物理法、化学法和熔炼法，这三种去污方法的比较列于表 8.9。

表 8.9 物理法、化学法和熔炼法的比较

项目	物理法	化学法	熔炼法
工艺温度	室温—高温	室温或高于室温	金属熔点以上
化学试剂/材料	一般不用化学试剂	要加入各种化学试剂	要加入助熔剂
二次废物	大体积固体废物，也可能有很多废液	大体积液体废物	少量炉渣废物，尾气需要过滤处理
可应用性	适用范围较大	适用范围较大	限于低污染金属
达到自由解控程度	有可能达到	用得多能达到	难达到，要对铸锭内部核素种类和体比活度精准测定
工艺	较简单，从表面除去污染物；激光去污等先进去污方法要求精准操控	简单—复杂，控制要求高	多步精炼才能获得高纯金属
成本	支持性消费较高	运行成本和支持性消费较高	投资和运行成本高，支持性消费高
能源消耗	较低—较高	较低	高
处理金属物件适应性	对管道、复杂结构物去污困难	适合于各种形状和材料的物件	要切割成小块投入熔炉
安全风险	有污染风险和辐照风险	有污染和燃爆风险	高温和开放操作，有污染风险

8.7　贮存衰变去污

2017 年 11 月 30 日，我国环境保护部（现生态环境部）、工业和信息化部与国家国防科技工业局联合发布《放射性废物分类》公告，将放射性废物分为极短寿命放射性废物、极低水平放射性废物、低水平放射性废物、中水平放射性废物和高水平放射性废物（图 8-14）。

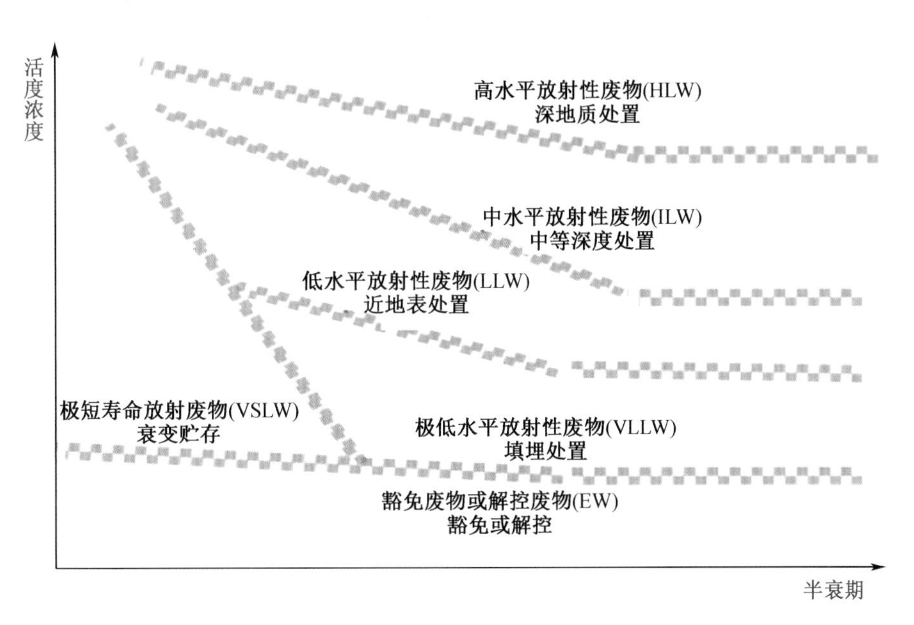

图 8-14　放射性废物分类

极短寿命放射性废物中所含核素的半衰期很短，小于 100 d，通过 2~3 a 时间贮存衰变，放射性核素的活度浓度即可达到解控水平，实施清洁解控。显然，许多医疗和科研用污染了极短寿命放射性核素的物体，贮存衰变去污是最优选的方法，贮存衰变去污方法简单、省力、安全、花费少。例如核诊疗仪 PET 用的放射性同位素^{18}F，半衰期不到 2 h（仅为 109.77 min），核诊疗仪 SPET 用的放射性同位素^{99m}Tc，半衰期仅 6.02 h，贮存衰变几天，放射性就消失得无影无踪了，诊治甲状腺疾病常用的放射性同位素^{131}I，半衰期 8.04 d，服用^{131}I 药水的患者一般只需要隔离 2 周左右。对于医院治疗科室进行诊治产生的各种^{131}I 污染废物，贮存不到半年时间，放射性就衰减到低于百万分之一，不必用其他去污方法进行去污。

对于医院诊疗产生的极短寿命放射性核素废物，医院有医疗废物管理制度和医疗废物管理规范，《核医学放射防护要求》（GBZ 120—2020）有许多明确规定，贮存衰变要则如下：

（1）要把有细菌、病毒的物件分拣出来，进行杀毒灭菌；

（2）要把易燃物分拣出来，做专门处理；

(3)送贮存物装在专用塑料袋中,编号、登记批次和日期,然后放进钢桶或钢箱中;

(4)内装注射器及碎玻璃等物的包装物要加一外套,防止划破包装;

(5)贮存间原则上不接收液体废物,对于含少量残余注射液的瓶罐,可加些吸附剂做简单吸附固结处理,以防挥发和洒漏;

(6)贮存间专设专用,设排风过滤器,贴有辐射标志,闲人免进;

(7)医院的核医疗产生的废气和废液排放,执行《电离辐射防护与辐射源安全基本标准》(GB 18871—2002)相关规定;

(8)送贮存物账目清楚,达到贮存衰变时间后,经检测合格取出,做一般医疗废物处理。

第9章　放射性去污设备

放射性去污技术，上一章已介绍很多，用到的设备有高压射流去污装置、超声波去污装置、激光去污装置、微波去污装置、等离子体去污装置、电解去污装置、金属熔炼去污装置，等等，本章阐述几种与放射性去污相关的设备：废物焚烧处理设备、蒸汽重整处理设备、超临界水氧化处理设备和去污机器人。

9.1　废物焚烧处理设备

焚烧是放射性废物处理的重要技术，处理低放射性可燃废物，如纤维性物质（织物、纸、木材）、塑料、橡胶、活性炭、石墨、动物尸体、废树脂、废有机溶剂、废机油、废有机闪烁液等，都可获得高的减容和减重（减容20～100倍，减重10～80倍）效果，可减少贮存和处置所占场地以及减少运输、贮存和处置的费用，并可使废物无机化转变，避免热分解、腐烂、发酵和着火的风险，还可使^{239}Pu和^{235}U等贵重易裂变物得到回收。

焚烧是古代人早就会用的方法，但它是一个复杂的化学过程，尤其是处理放射性废物，涉及化学、传热、传质、流体力学、化学热力学、化学动力学等许多过程，关系到辐射防护、环境保护和公众心理等。放射性废物的焚烧，包含分拣、破碎、进料、焚烧、排灰、烟气冷却和净化等许多工艺步骤，焚烧工艺流程示意图如图9.1所示。

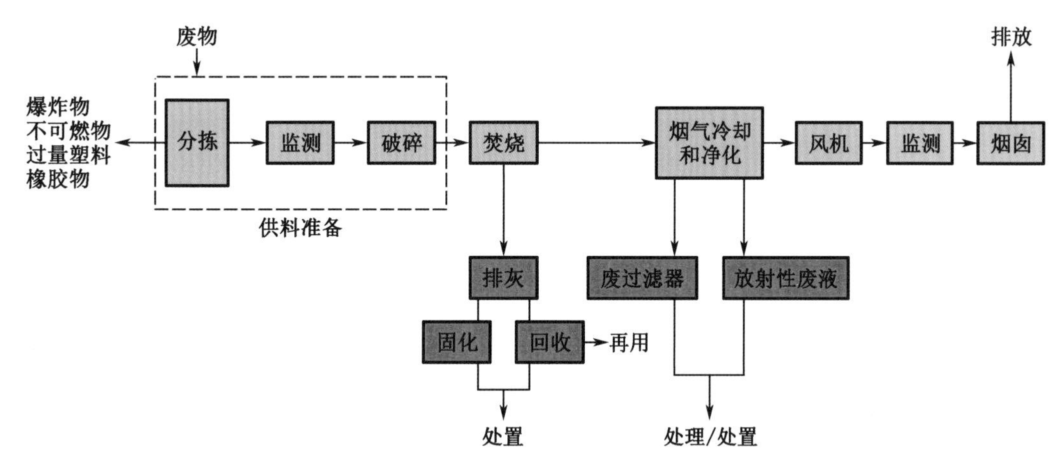

图9.1　焚烧工艺流程示意图

放射性废物焚烧开发的炉型已很多,有过量空气炉、控制空气炉、热解炉、旋风炉、高温熔融炉、流化床炉、熔盐炉、等离子体炉等,目前工业采用得最多的是过量空气炉和控制空气炉等,各类炉子有不同优缺点和适用性,见表 9.1。

表 9.1 几类放射性废物焚烧炉比较

炉型	优点	缺点	备注
过量空气炉	结构简单,操作方便,炉型成熟,应用广泛	燃烧不完全,烟气中焦油、烟炱多,烟气净化困难	已改进不少
控制空气炉	充分燃烧,抑制焦油、烟炱的生成	结构比较复杂	对过量空气炉改进
热解炉	燃烧完全,可烧塑料和橡胶物含量高的废物	对泥状和大块物料的热解效果不是很理想	可焚烧 TBP/煤油废物
旋风炉	可烧含较多塑料和橡胶的废物	废物要破碎成碎片高速送入炉内,在高速气流中燃烧	应用少
高温熔融炉	允许含多金属、玻璃等不可燃物,排出的熔渣可直接处置	炉温高达 1 400~1 600 ℃,建造和运行费用较高	仅比利时用过
流化床炉	烟气净化不用湿洗,二次废物少,设备寿命长;焚烧温度低,有利于钚回收	需要经常更换床料	适合于超铀废物焚烧
熔盐炉	无明火,安全性好;燃烧温度较低,不会生成难浸取的钚化合物,容易回收钚	熔浆中灰渣和副产物不断增加,须取出部分熔浆和补充部分新盐	适合于超铀废物焚烧
等离子体炉	炉温高,可烧多种废物,排出的熔渣可直接处置,不产生二噁英毒气	能耗较高,废气处理要求高	工程应用处理放射性废物尚少

焚烧炉的安全、有效运行,取决于精心设计、可靠工艺设备和正确操作。理想的焚烧炉应具备以下品质:

(1)燃烧完全,减容和减重效果好;

(2)尾气净化满足排放要求;

(3)不易出现腐蚀泄漏、管道堵塞等问题,设备寿命长,维修少;

(4)运行安全可靠,操作、维修和更换过滤器简便;

(5)工作人员受照剂量低,对环境影响小;

(6)基建投资和运行费用低。

高效焚烧废物要求有足够高的燃烧温度、足够量的空气、足够长的停留时间(即反应时间)和强烈的气流扰动。炉温高,对完全燃烧有利,但对炉体耐火衬里破坏作用大,焚烧系统往往不能长期承受。焚烧设施的真实减容和减重效果,应计入焚烧灰和烟气冷却系统所产生的二次废物。

掌控好废物焚烧的工艺过程,对实现放射性去污良好效果都有重要影响。

(1)废物分拣与破碎

分拣是挑出对焚烧设备和焚烧过程有害的物质(如爆炸性物质、不可燃物质等)和使物料具有尽可能均匀的组成与相近的热值。多数焚烧炉不允许把不可燃物质送进炉内,不能烧高量塑料和橡胶物。分拣对控制焚烧过程,减少炉温波动,延长炉子寿命都有重要意义。

破碎是为了方便进料和使物质充分燃烧,废物在焚烧前往往要用切割机、锤磨机等破碎,这项操作一般在手套箱中进行,而且为了防止着火,需要在保护气氛(如氮气)下进行。

(2)进料

进料方式有批式进料和连续进料两种。批式进料,如把废物装在纸袋、聚乙烯袋或纸板盒中,借助重力投入炉内,或用推杆推入炉中。连续加料,采用螺旋输送器或风力吹送将切碎的废物连续送进炉中。为了防止燃烧室与炉外操作区直接串通,造成炉中气体逸出和出现回火,通常采用双重门联锁装置,焚烧炉进料系统设两道门,投料时只开启一道门,先上开下关,后上关下开,防止炉内烟气外冒。为了降低进料通道的温度,可设置水冷装置;为了防止进料通道因投入物料架桥而造成堵塞,可设置机械或气流打扫装置;为了防止回火所引起的着火事故,可设置 CO_2 灭火装置。

为焚烧废油、废溶剂,焚烧炉设液体喷料口,向炉中喷料,为保证喷料良好,采用双套结构,由内管往炉子里喷料,外管通压缩空气。

(3)焚烧

焚烧炉燃烧室,分立式和卧式两种,有单室、双室和多室等多种形式;炉体一般采用钢体外壳,内衬采用绝热和耐火陶瓷材料。通常以氧气和空气作为焚烧助燃气体。为了使焚烧炉起动和维持适当温度,焚烧炉设置空气加热器和助燃器。助燃器燃料可用丙烷、天然气、煤气、煤油、柴油等,也可用电加热。焚烧炉保持一定负压。焚烧容易出现以下问题:

①产生较多的烟炱和焦油,堵塞尾气净化系统,并可能引起着火;

②熔融的塑料、橡胶物滴落下来堵塞炉排和卸灰口;

③产生较多的灰渣,削弱减容效果,降低惰性化程度。

这些问题的产生,可能是由于前两步对焚烧废物的清理整备不足。

(4)排灰和焚烧灰处理

废物焚烧之后 70%~90%放射性物质进入灰中。炉底排灰炉排有固定式、翻板式或旋转式等多种。除灰装置设在手套箱中,装灰桶法兰接到卸灰口上。由于不可燃物混在加料中进入炉内,或者塑料、橡胶物的不完全燃烧,可能造成炉排堵塞。卸灰时要防止气溶胶逸出，工作人员要戴面具和穿防护服操作。卸出的灰要充分冷却，要监测炉灰放射性比活度和表面剂量率。焚烧超铀废物的炉子必须定期清理，防止易裂变物质的积累达到临界质量。

(5)烟气处理与尾气排放

放射性废物焚烧产生的烟气中，含有二氧化碳、水蒸气、烟灰、焦油、酸气、放射性尘粒和气溶胶等复杂组分。烟气净化要求除去放射性、尘粒、酸性气体和二噁英等。

塑料和橡胶制品的焚烧，有较多的烟炱、焦油生成。焚烧聚氯乙烯和氯丁橡胶，烟气中会含有 HCl 和 Cl_2 等酸性气体及可能有金属氯化物沉积问题；焚烧橡胶手套和纸制品，烟气中会含有 SO_2 和 NO_x 等酸性气体；焚烧废油和废溶剂，烟气中会含有 NO_x 和 P_2O_5 等酸性气体；焚烧含氟塑料，烟气中会含有 HF 和 F_2 等酸性气体。这些酸性气体有强腐蚀性，会腐蚀烟气净化系统的设备。而二噁英是环保严控的致癌物质。烟气中放射性核素有多种存在方式，例如：

①气态形式存在(如^{3}H、^{14}C 和碘的气态化合物)，可采用吸收或吸附方式除去；

②气溶胶形式存在，可通过过滤除去。

③载带在粉尘(飞灰)上，可通过除尘除去；

④高温挥发物，如铯、锌、钌等放射性核素，冷却之后又沉积到地面。

烟气净化干式净化设备主要有：

①旋风分离器；

②静电除尘器；

③袋式过滤器；

④高温陶瓷过滤器；

⑤烧结金属过滤器；

⑥高效微粒空气过滤器。

烟气净化湿式净化设备主要有：

①喷淋塔；

②填料塔；

③文丘里洗涤器。

焚烧炉的烟气净化系统同时采用多种设备，串联使用，并且烟气净化系统还有热交换器、冷凝器、除雾器、再加热器、排风机和烟囱等设备。

(6)监测和控制

焚烧炉的监测参数和控制仪表很多，如温度指示器、压力指示器、空气流量计、尾气流量计、火焰监测器、氧量分析器、喷淋水流量计、循环水流量计、液位控制器、放射性活度和辐射监测仪、火灾报警和自动灭火装置、自动气体取样和分析器、防爆装置，等等。许多已实现计算机管理和自动控制工艺过程。操作的阀门和设备有远距离自动控制开关和状态指示器。采用自动控制的设备，故障期间可用手动控制，系统中还设置必要的联锁装置。

放射性废物焚烧炉对烟气净化要求很高,环保标准不仅对放射性核素有限值,对 HCl、SO_2、NO_x、颗粒物等的排放也有限制。特别要重视致癌物二噁英。烟气必须监测,达标后才准许向大气排放。

国际上,美、英、德、法、俄、日、加等国的大型核设施(如核研究中心、后处理厂等)和大型核电厂已建过不少大型放射性废物焚烧炉,以及专烧 TBP 有机废液、超铀废物与实验生物尸体的小型焚烧炉。在我国,中国辐射防护研究院较早就开发热解焚烧炉,已得到应用。自 20 世纪 80 年代以来,我国核电发展迅速,据 2022 年 9 月统计,我国在运营核电机组有 57 座,居世界第 3 位,在建核电机组有 24 座,居世界第 1 位,但低、中放射性水平废物处置场处置容量严重不足,场址难觅,废物减容极受重视,我国已有多座多堆核电站建立废物处理中心,废物处理中心迫切希望建造废物焚烧炉实现废物减容。地方环保部门根据日益提高的生态环境保护要求,强调安全分析和环境影响评价,严格控制建造的许可。

发展焚烧炉加强放射性去污,要选好焚烧炉炉型和场址,做好焚烧炉生命周期全过程的安全保护和污染控制。在设计建造阶段,要考虑和重视放射性废物运到焚烧站后,做剂量率和外表面污染水平的检测,大包装改成投炉小包装和废物的破碎过程,要避免或减少污染的扩散;运行时要重视和努力实现烟气净化系统的有效去污,要重视和预防耐火材料烧坏和裂塌、炉体钢壳翘曲、焊接裂缝、连接管泄漏和着火等事故的发生;排渣时要防止泄漏和气溶胶造成的外照射/内照射伤害,严格管控炉灰的装罐和密封,检测/记录好剂量率和外表面污染水平;焚烧炉退役时要有安全可靠计划,尽可能去污,减少要处置的废物。

9.2　蒸汽重整处理设备

蒸汽重整技术主要用于除去有机物,对于主要成分是有机物的物质,即使含有不同的无机物,也可选择性地将有机物分解。当多种有机物混杂时,不需要考虑热值的控制,该技术同样适用。

蒸汽重整技术可用于核电厂、研究堆及部分核设施产生的离子交换树脂、活性炭、过滤器芯、淤泥、废油、有机溶剂以及日常检修产生的劳保用品、塑料布、擦拭去污用品等废物的处理。

1997 年美国在汉福特核基地通过了对低放射性废物处理的验证。1997—1999 年,美国在田纳西州建立了第一个 THOR 处理中试厂,经过 15 个中试厂试验后,该中试厂发展成了放射性废物处理厂。日本 Ishikawajima Harima 重工业有限公司从美国购买蒸汽重整技术,用于处理放射性废物。

蒸汽重整处理设备主要有:流化床、高温过滤器、淹没床加热器(SBH)、淹没床蒸发器(SBE)、过热器、喷雾干燥器、DAW 研磨器、残渣贮存箱等,它们的主要功能见表 9.2。

表 9.2　蒸汽重整处理设备的主要功能

序号	设备名称	功能
1	流化床	裂解有机物
2	高温过滤器	从流化床排出物中滤出气体,去除固体微粒
3	淹没床加热器	用空气混合来自流化床的合成气,使之稍微氧化,快速加热使混合气完全氧化,清洗排气使之冷却和去除腐蚀性物质
4	淹没床蒸发器	冷却来自淹没床加热器氧化的混合气,去除腐蚀性物质,提供液体清洗在淹没床加热器中氧化的合成气
5	过热器	加热流化床的供气
6	喷雾干燥器	干燥来自盐溶液暂存箱的废液
7	DAW 研磨器	处理研磨干废物
8	残渣贮存箱	接收残渣,冷却并转运至 HIC 中

离子交换法是处理放射性废液的重要手段,废树脂富集了废液中的放射性核素,是核电厂重要放射性废物,废树脂的处理是业界关注的热点。废树脂的处理至今已研究开发了许多技术,新开发的蒸汽重整技术工艺流程见图 9.2。

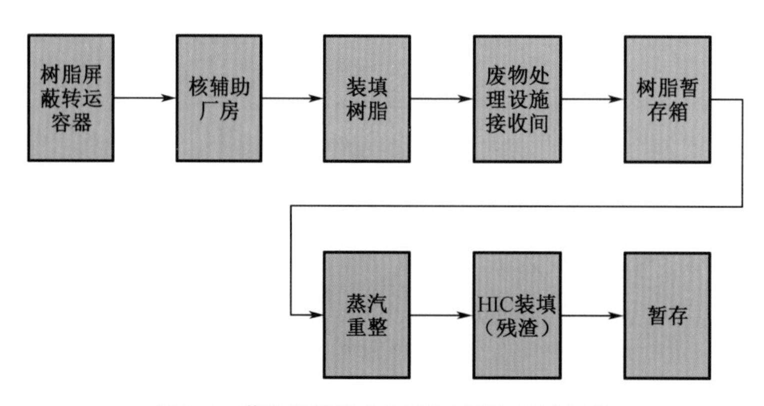

图 9.2　蒸汽重整技术处理废树脂的工艺流程

9.3　超临界水氧化处理设备

超临界水为临界点(温度 374 ℃,压力 22 MPa)以上的水。超临界水的物理性质发生巨大变化,既不同于液态的水,又不同于干蒸汽态的水,密度、黏度、介电常数、扩散系数、离子积等都发生了变化,例如:

(1)超临界水能与非极性物质,如戊烷、己烷、苯、甲苯等物质互溶;

(2)无机物质特别是盐类溶解度很低,在 500 ℃和 25 MPa 的超临界水中,NaCl、KCl、Na_2SO_4 的溶解度仅约为 0.1 g/L;

(3)O_2、N_2、CO_2、空气可以任意比例溶于超临界水中。

高温、高压使超临界水成为有机物质氧化分解的理想介质。超临界水氧化的主要原理是利用超临界水作为反应介质来氧化分解有机物,使有机物、氧化剂和水形成均一的相,在单相中,以数秒到数十秒的时间将有机物分解为 CO_2、H_2O、N_2 等对环境没有污染的物质,并且对有机物的分解破坏率极高。在超临界水条件下,有机物中的极性基团如 NH_3 和 SO_3 不会氧化成 NO_x 和 SO_x,也不会产生二噁英。有机碳转化成 CO_2,硫、磷转化成硫酸盐、磷酸盐,氮转化成 N_2 或 N_2O。放射性金属元素在超临界水中的溶解度极低,能得到很大程度的浓集。

20 世纪 80 年代起,超临界水氧化处理设备,因其高效、节能和环保等优点在处理有机废物时备受青睐。美国洛斯阿拉莫斯国家实验室研究超临界水氧化处理设备处理锕系元素污染的有机物——废树脂、EDTA 络合剂废物。90 年代美国爱达荷国家工程实验室研究用 50 g/h 实验装置处理 TBP 等废物。法国原子能委员会(CEA)在 90 年代开发研究超临界水氧化处理设备处理有机废物,2008 年建立的处理放射性有机物装置,处理能力 1 kg/h,对 TBP 等 4 种混合有机物分解率达 99.9%以上。日本东芝公司建了两套工艺装置,处理废树脂,装置的反应器体积为 25 L,处理能力 1 kg/h,在反应温度 450 ℃,压力 30 MPa 的条件下,10 min 内 99.9%以上的树脂被破坏。俄罗斯核电站为处理^{60}Co,在废水中加入 EDTA,蒸残液中含高量 EDTA-^{60}Co,俄罗斯研究超临界水氧化处理设备处理此蒸残液取得很好的效果。我国河北高清环保科技有限公司研制了处理装置。张家口研究处理农药废水,石家庄研究处理医药废水等,超临界水氧化处理有机物技术的开发研究在世界范围内广泛展开。

超临界水氧化处理 TBP 和离子交换树脂的主要化学反应如下:

(1)将 TBP 氧化成磷酸、二氧化碳和水

$$(C_4H_9O)_3PO_4+18O_2 = H_3PO_4+12CO_2+12H_2O$$

(2)将离子交换树脂转化为硫酸、二氧化碳和水

$$[—CH_2—CH(C_6H_4SO_3H)—]_n+12.5nO_2 = nH_2SO_4+8nCO_2+8nH_2O$$

为提高超临界水氧化处理设备的去污效果,可在超临界流体中加入 β-双酮、硫化磷酸或其他络合剂。用含冠醚(DCH18C6A),二-(2-乙基己基)磷酸(D_2EHPA)和苦味酸的超临界二氧化碳,可除去不锈钢表面污染的铀、超铀核素与锶和铯。一次去污效果为:α 放射性核素去除率超过 95%,β/γ 放射性核素去除率 70%~75%。

超临界水氧化处理设备主要包括:供氧单元、供水单元、供料单元、超临界水氧化一体机、冷水机组、电器与控制柜等。树脂用胶体磨粉碎研磨,阳树脂、阴树脂、混床树脂都可。供水为蒸馏水,反应器中温度和压力准确控制,尾气经活性炭床和 HEPA 过滤,尾渣固化处理后送低、中放废物处置场处置。

超临界水氧化处理的优点是:去污效率高,去污时间短,超临界流体可以再循环使用,无机化率高,二次废物少。由于超临界水氧化处理过程在高温、高压下进行,对设备的安全性和耐腐蚀性要求高。处理废 TBP/煤油,要求设备抗腐蚀,如采用耐腐蚀性好和机械强度高的镍基合金材料(因科镍 Inconel-625,哈氏合金 C-276),此外,超临界水氧化反应所产生的盐的沉积会导致反应器结垢和管路堵塞,这是需要关注的问题。

中国原子能科学研究院在 2015 年研究开发的试验装置,废树脂处理能力为 5 kg/h,废机油处理能力为 1.5 kg/h,有机物分解率达 99.9%。现开发了废树脂与废 TBP 有机废液的处理能力分别为 35 kg/h 和 13.6 kg/h 的科研样机(图 9.3)。中国原子能科学研究院开发的高氨氮、高 COD 废水超临界水氧化处理装置(图 9.4),废水处理能力达到 100 kg/h,COD 由 11 万 mg/L 降到 47 mg/L,总氮由 2.8 万 mg/L 降到 15 mg/L。

(a) 卧式

(b) 立式

图 9.3　超临界水氧化科研样机

图 9.4　高氨氮、高 COD 废水超临界水氧化处理装置

乏燃料后处理产生的废 TBP/煤油的安全净化处理,至今也是国际尚未圆满解决的问题,热解焚烧、蒸汽重整、超临界水氧化三种技术比较如表 9.3。

表 9.3　三种高温处理 TBP 技术的比较

技术方法	工艺	设备特点	成本
热解焚烧	对废放射性 TBP 具有较高的分解率,加入 $Ca(OH)_2$ 解决设备腐蚀以及设备与管路堵塞问题,但产生大量二次废物	体积大	较高
蒸汽重整	对废放射性 TBP 具有较高的分解率,采用耐蚀性能优异的合金及牺牲阳极保护法,解决了设备的腐蚀问题,产生二次废物少	体积小,更换方便	相对较低
超临界水氧化	对废放射性 TBP 具有较高的分解率,二次废物少,不产生二噁英,可处理含水率高的泥浆废物	体积小	相对较低

9.4　去污机器人

去污过程根据现场辐射水平,可采取人工近距离直接操作、半远距离长柄操作(如机械手作业)、远距离遥控操作等方式。远距离遥控作业的装备采用机器人。机器人可分为轮式、履带式、爬壁式、无人机式等。

机器人是一种可编程和多功能的操作器。机器人广泛应用,深受人们青睐,发展迅猛。机器人类型很多,具有各种形式和尺寸、不同特性和功能。家用扫地机器人,给高楼大厦擦玻璃的机器人,大家都已很熟悉,专用于放射性去污的机器人,我国市场上尚不多见。现在国外已有用机器人进行反应堆厂房地面的去污作业,用机器人喷射高压水去污和喷射干冰去污。

去污机器人属于服务型智能机器人,一般由执行机构、驱动装置、检测装置、控制系统等组成。我国湖南研发的千智可移动洗消机由 4 部分组成——机器人平台、升降系统、洗消系统、喷头旋转系统。该机器人为模块化设计,各部分可快速拆装。喷头旋转系统安装在升降系统的顶端,升降系统上下移动,能 180°旋转。洗消系统带水箱及水泵,安装在机器人平台上,洗消机平台由电机驱动。平台移动、升降机升降与洗消作业均为遥控操作。洗消机外表简洁平整,容易去污(图 9.5)。

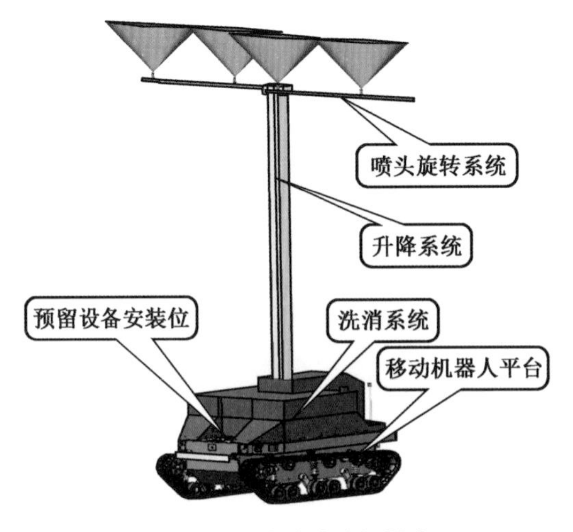

图 9.5　可移动洗消机器人

中国原子能科学研究院退役治理工程技术中心开发了不少放射性废物处理去污装置和设备,现择要介绍如下:

(1)研究堆退役机器人装置(图 9.6)

研究堆退役机器人装置是针对重水研究堆高污染地下热室退役工程研制的专用设备。该设备针对研究堆地下热室空间有限,辐射场空间复杂等特点,以机械手臂为主体,更换/携带不同的工装器具,完成对高污染地下热室的多项退役工作。机器人系统远程遥控实现机械手臂的操作,有效降低高辐射场环境下人员的受照剂量。机械手臂以液压方式进行传动,具有 6 个自由度,总臂展为 2 900 mm,可在复杂结构环境下规避障碍,回取工艺间内的各项废物,可充分规避热室工艺间内的障碍物;在平举状态下,最高负载能力可达 50 kg;适用于各类金属、非金属等刚性、柔性、脆性等废物的回取;末端设计有快换接口,可根据退役工艺更换对应的回取工装,进行物项的回取、吸尘、喷涂、磁吸等工艺操作。机械手臂的动力站位于机械手臂根部,可与手臂之间安装屏蔽铅板,保证关键元器件免受辐射场的影响。

(2)多功能喷淋去污装置(图 9.7)

多功能喷淋去污装置采取了“360°喷淋去污+去污液净化+废液自吸”的移动式立体循环去污模式,实现多功能喷淋去污装置与废液贮罐的封闭运行,有效地提高了去污液的使用效率。装置所用喷头为 360°旋转冲击喷头,最大冲击力可比常规旋转喷嘴大 4 倍,清洗效率大幅提升,配合去污剂,做到对整个罐体内壁冲击去污,去污效果良好。辅以去污剂循环系统,具有去污液的使用效率高、使用量少的特点。去污液循环包括去污液 pH 在线检测系统和过滤吸附系统。吸附系统可吸附去污废液中重金属元素以及放射性核素和有机污染物,以保证去污剂能循环利用。循环流量 1.0 m^3/h,最大喷淋扬程 43.5 m,可通过调节喷头压力改变喷淋射程,使该装置适应不同体积贮罐的去污。

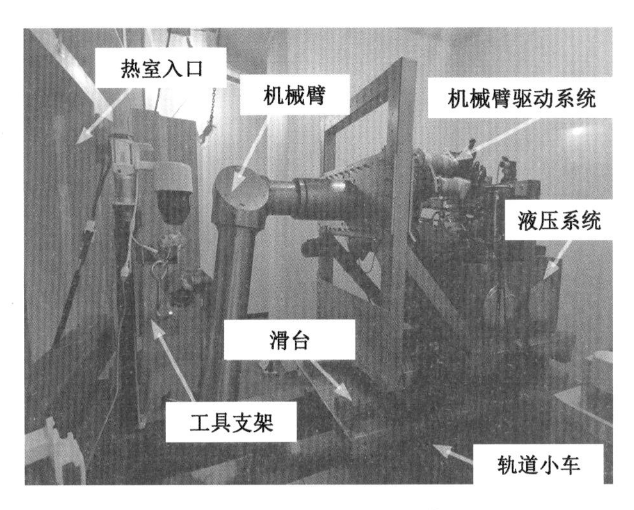

图9.6　研究堆退役机器人装置图

图9.7　多功能喷淋去污装置图

(3)高压水去污设备(图9.8)

高压水去污设备具有去污效率高、气溶胶产生量小、可远距离操作等特点,适用于大体积敞口罐槽的远距离去污。操作台可实时监测去污过程中的去污位置及去污机构状态,使操作员能够做到全方位的监控。去污因子可超过100,去污效率≥50 m^2/h;敞口状态下,气溶胶可控制在20 Bq/m^3 以下(距离去污喷头2 m处)。在高压水去污的同时,可实时真空回收废水,对底部为平面的罐槽的底面也可进行有效去污,对于狭窄通道的侧面和底面均可有效去污。

图 9.8　高压水去污设备

(4)废液贮罐罐底泥浆回取装置(图 9.9)

废液贮罐罐底泥浆回取装置是一套由控制系统、机器人回取系统、投放及转运系统、管线收放系统、高压水射流系统、固液分离系统组成的,可用于大型中、低放射性水平废液贮罐底泥回取的设备。该装置可通过远程控制实现贮罐底泥的搅拌、回取和转运,并最终实现底泥清空,从而解除老旧核设施废液贮存带来的安全风险。回取装置的底泥回取能力为 2 m^3/h。机器人负载能力≥50 kg,抗辐照能力≥10^4 Gy,防水能力不低于 IP68;固液分离系统处理能力≥0.5 m^3/h,分离后泥浆含水率为 85%~90%。该装置已完成多个直径为 9 m 的圆形贮罐底泥回取工作。

图 9.9　废液贮罐罐底泥浆回取装置

(5) 自动混凝土打磨装置(图 9.10)

自动混凝土打磨装置主要针对厂房内部混凝土表面进行打磨去污处理,由打磨系统、升降系统、吸尘系统、控制系统、操作系统等组成。该设备分为地面打磨和墙面打磨两种不同的形式,适用于具有较高作业高度、较大作业表面的混凝土及砌砖表面打磨去污处理。墙面打磨处理最高高度可达 20 m;墙面打磨系统可分为高空打磨设备和低空墙面打磨设备,两种墙面打磨设备可以合体使用,也可以分体运行,可针对不同状态的打磨对象自由结合。设备可满足油漆、防水材料、混凝土等材质对打磨的需求,配置多种类型的打磨头(包括金刚石刀具类、砂轮类、钢刷类等),可方便更换。打磨过程支持过滤精度达 1 μm 的实时吸尘,可有效防止污染扩散。控制系统采用 PLC 与现场总线等方式,集打磨系统、升降系统、吸尘系统、操作系统于一体,实现对自动混凝土打磨装备的集中管理和控制,具备本地手动、远程遥控、自动运行等作业模式。该自动混凝土打磨装置可实时采集与可视化打磨系统、升降系统、吸尘系统等系统的相关信息,包括系统状态、系统参数等;具有故障声光报警、急停开关、安全防护装置与设备运转互锁、过载防护报警、人工复位操作等多重安全防护功能。

图 9.10　自动混凝土打磨装置

(6) 移动式淤泥回取-固化装置(图 9.11)

移动式淤泥回取-固化装置是一套由淤泥回取输送装置和移动式固化装置组成的处理装置。该装置对池槽底淤泥进行搅拌混合,用泵回取,泥水分离后对泥浆暂存,并对泥浆按配方调配泥水比例,泵送至水泥固化装置中,在 200 L 钢桶内进行搅拌固化,使之形成水泥固化体废物包,满足放射性废物暂存、运输和最终处置要求。装置处理能力 8 桶/a,采用模块化设计、制造和安装,具有可移动性。核心部件用 304 不锈钢制造,设备便于清洗去污,远程视频操作,对操作人员有辐射防护屏蔽,确保工作人员安全。该装置已有成功运行经验,圆满完成了中国原子能科学研究院研究堆乏燃料水池的池底淤泥回取清除任务。

图 9.11　移动式淤泥回取–固化装置

(7)桶装废物超高压缩减容系统(图 9.12)

放射性废物处理要努力实现“减量化、无害化和资源化”。压缩是废物减量化的重要手段之一。为了实现充分减容,常用 1 000~2 000 t 的超级压缩机实施压实。中国原子能科学研究院建立了一套桶装废物超高压缩减容系统,把 200 L 桶装可压缩废物送进控制区,用 2 000 t 压头压力的超级压缩机进行压实。200 L 桶装可压缩废物通过辊道送进控制区,先在桶底打个小孔,送入压实机后在力作用下压成为原高度的 1/3~1/5 的饼块。饼块从超压机出来上辊道,由专用抓具放进钢箱,钢箱装满后,浇注水泥砂浆填充钢箱中空隙与固定,加盖密封,送进废物贮存库暂存,待最终处置。该系统处理能力为 10 桶/h。整个工艺操作在视频监控下遥控运作,对工作人员无外照射危害,操作区气溶胶经过滤器过滤排出并有监控,对工作人员和公众也无危害。

(8)可移动式桶装 γ 废物无损检测系统(图 9.13)

可移动式 γ 桶装无损检测装置采用整体 γ 扫描(Integral Gamma Scanning,IGS)技术,主要用于测量 200 L 废物桶中固体废物所含 γ 放射性核素种类、活度及比活度,以便采取合适的分类处理方法。IGS 技术只针对无源分析对应的放射测量,不需要复杂的扫描机制,可大幅度降低扫描测量时间,从而提高废物桶的扫描吞吐量,因此可以大规模应用于退役现场的 200 L 废物桶污染检测。该装置可测得 γ 放射性核素的类型、总活度、比活度,以及废物

桶的表面 γ 剂量率、距桶表面 1 m 处的 γ 剂量率以及废物桶质量等多项数据。装置采用移动车载设计，可将其牵引至指定场所，便于大量废物桶的实时检测。车载式结构设计空间利用率高，设备间设置多段转运辊道，废物桶依次完成转入、称重、旋转测量、转出等动作，实现了“流水式”的快速、有序检测。放射性比活度测量误差不大于 30%，检测时间小于 10 min。

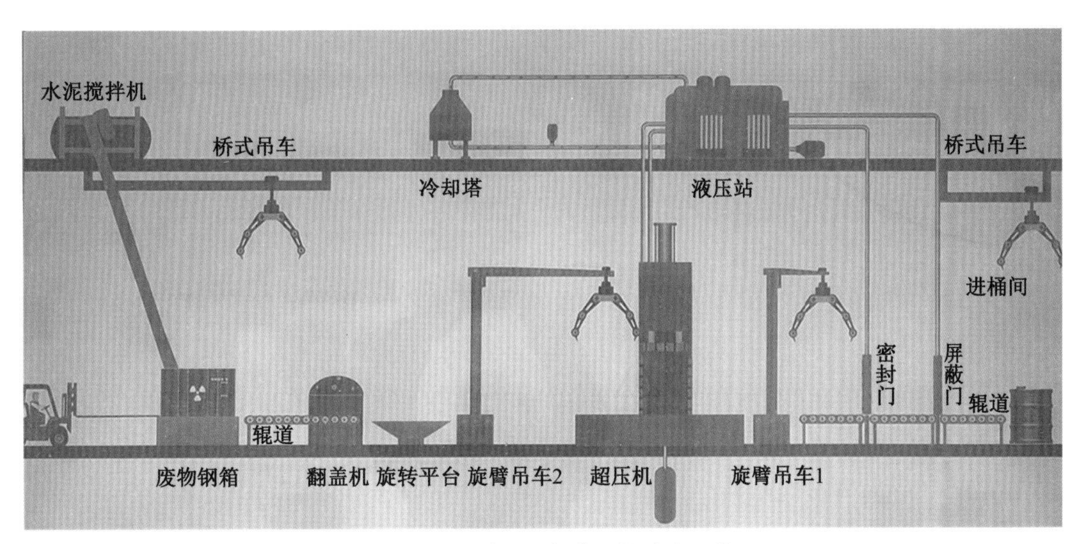

图 9.12　桶装废物超高压缩减容系统

图 9.13　可移动式桶装 γ 废物无损检测装置图

放射性去污

日本福岛核电站特大事故之后，日立、三菱、东兰等公司研发了很多机器人装置，至今在福岛第一核电站的第1、第2、第3机组用过的机器人不下30种，还有不少引进的机器人，用于福岛核电站辐射水平监测、通道去污、厂房内部探测、安全壳内探查、安全壳外泄漏检查等，不少机器人使用中因不能承受强辐照而很快失效。福岛核电站的清理、去污和退役，凸显机器人的重要性，现在日立GE公司制造的高压水去污机器人装置，日本东芝公司制造的干冰去污机器人装置，已在福岛核电站去污中发挥了作用。

采用机器人进入辐射水平高、空间窄小、环境恶劣，人难以接近的场所，如地下设备室等进行放射性去污，对这种机器人装置的设计、制造和维护，需要重视以下问题：

(1)根据去污目标与场址条件，优选去污工艺和设备，进行编程操作。

(2)在装置上安装的去污设备应方便使用、维修和拆卸。

(3)最好装有3D扫描相机，以便对污染区域做源项调查，即时报告去污效果。

(4)装有测辐射、测温、测湿和测易燃易爆气体的装置与报警器。

(5)去污装置耐久性好，抗辐照和耐热，能够进入强辐射区和温度高的地方长时间作业。

(6)能很好收集去污过程中产生的尘埃和碎渣等二次废物，并做适当包装，以方便运出。

(7)对于要用大量高压水和磨料的高压射流去污，要考虑水和磨料的循环复用，避免不断补充喷射液和大量排出二次废液。

(8)对于会产生大量废气和气溶胶的去污工艺，要考虑去污装置本身会被污染。

(9)去污装置宜小巧，行进速度可调控，方便进入窄小的空间。

(10)去污装置自身容易清污，外表尽量平整光滑，如喷涂可剥离膜保护等。

(11)装置高度可调控，行进速度可调节，转向方便。

(12)如果一台机器人去污装置平台上能安装切割机，例如激光(或等离子)去污与切割机，则机器人既可去污又可切割，身具多能，更受退役去污的欢迎。

机器人正在世界上广泛开发研究和传播。现在有工业机器人、家庭机器人、娱乐机器人、医用机器人、军用机器人等许多类。用于装配、物流的机器人已十分普及，高精尖的毫米级大小的机器人可进入人体做检查，输出体检的信息；现在已在试制用于大脑神经手术的机器人。会唱歌跳舞和下棋的智能机器人已进入市场。特种机器人在救火、抗洪、地震等抢险救灾活动中开始发挥作用。可以预料，机器人不久将成为放射性去污的重要支撑设备，在核事故处理和反应堆大修换料等强辐射场合显身手。当然，这必须是耐辐射和高智能的机器人，确保在十分困难条件下可准确操作和长时间发挥作用。

第 10 章　特种对象的去污

本章对铀矿废石和尾矿的去污、废弃放射源的去污、含氚废物的去污、复合系统的去污、人体污染的去污作为特种对象的去污进行阐述，因为：

(1)铀矿废石和尾矿数量巨大，集体剂量贡献巨大，潜在危害作用时间长，对生态环境长期危害影响大。

(2)废弃放射源流散各处，有非法转移、违规处理/处置，偷盗制造“脏弹”，造成人员伤亡、环境污染和影响社会安宁的风险。

(3)氚与氢的化学性质类似，不能用常用的离子交换、蒸发和沉淀等方法除去，大体积低浓含氚废液要净化至达标排放是当今世界未解决的难题。

(4)核设施中，腐蚀产物和活化产物导致控制区辐照水平升高，工作人员受照剂量增加，做不停堆去污和大修换料前系统去污，降低辐射水平有重要现实意义。

(5)人体受污染伤害采取快捷、稳妥方式救治。计划性事故或事件引起的伤害按应急预案实施处置，非计划性事故或事件引起的伤害应审慎做好应急处理。促排是防治放射性核素内照射损伤效应的基本措施，需要特别关注半衰期长、排出体外慢和毒性大的核素。

10.1　铀矿废石和尾矿污染的去污

铀矿冶产品是军工重要战略物质，是核电站燃料元件的重要原料。在铀矿开采和加工及退役产生的废石、尾矿中的母体核素半衰期相当长。如^{238}U 为 4.47×10^{9} 年，^{232}Th 为 1.4×10^{10} 年。它们不断衰变释放氡^{222}Rn 和^{220}Rn 及短寿命氡子体 RaA、RaB、RaC、RaC1、RaC11，以及长寿命^{210}Pb、^{210}Bi、^{210}Po。这些核素对环境和人类造成长期危害。

20 世纪 40 年代，因发展核武器的需要，世界上一些国家匆忙上阵大量开采铀矿。加拿大、澳大利亚、南非、哈萨克斯坦等铀矿资源丰富的国家，多露天开采和地下开采铀矿，经过水冶生产出黄饼(U_3O_8)，主要销售国外。近年铀矿开采发展地浸技术(图 10.1)。我国从 20 世纪 50 年代“全民找铀”开始，铀矿冶事业迅速发展，几十年来，我国的铀矿冶为国家做出了重要贡献。现在我国历史遗留铀矿冶设施，完成退役治理的有 127 个，没有退役和还在使用的水冶厂、地浸场、矿山、工区及尾矿(渣)库约有 200 处，其中尾矿库有 20 多座。我国铀矿床类型多、规模小而分散、矿体形态复杂、矿化不均匀、品位低、埋藏条件多变，造成铀废石和尾矿数量庞大，铀矿废石和尾矿放射性污染治理与放射性去污的任务繁重。

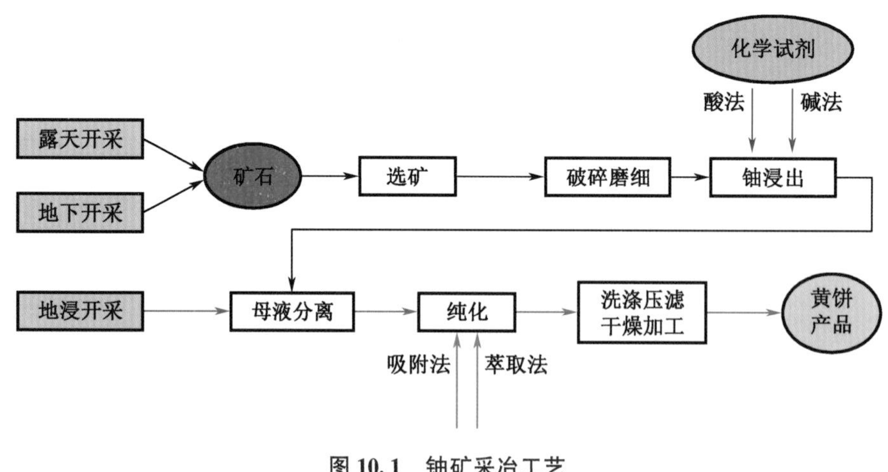

图 10.1　铀矿采冶工艺

10.1.1　废石和尾矿

美国和加拿大把铀矿冶废物单独划作一类，南非把铀矿冶废物划为天然放射性物质（naturally occuring radioactive material，NORM）废物。我国铀矿冶废物未划定类别，铀矿冶废物量大，占整个核工业放射性废物量 95%以上，集体剂量贡献占整个核燃料循环体系的 80%以上。

铀矿冶废物中，危害大的是废石和尾矿。废石和尾矿是核燃料循环前段废物中数量最大的废物，对人类集体剂量贡献最大，世界普遍将采矿产生的废石贮存在废石场中，将水冶加工产生的尾矿（渣）贮存在专门建造的尾矿库中。

1. 废石

铀矿品位低，废石量很大，废石（渣）堆场的数量多，分布甚广。废石会不断析出氡，释放到大气中，伴随较高的 γ 辐射。一般，生产 1 t 铀矿，产生 0.8～2 t 废石，如果露天开采铀矿，废石量更大。通常按矿址和废物量采取不同的方案治理。废石选好点集中堆放，堆场基底做好防渗措施，堆场筑有坚实的坝体，有稳定的表面及坝坡。顶部覆盖隔离层，抗风蚀和雨水冲刷，维持长期有效。

铀矿废石（渣）量大的堆场，多采取就地稳定和覆盖方案；废石（渣）量小的堆场，多采取将废石及受污染土壤集中到尾矿（渣）量或废石（渣）量大的堆场的方案。对于人口较少的地域，废石（渣）堆场多采取覆土植被，恢复生态平衡，原地稳定化措施。

铀矿废石回填到井下采空区，既能解决铀矿井采空区充填料不足的问题，又能减少地面废石的堆存量，一举两得，现新建的铀矿山的废石回填几乎达到 100%。

2. 尾矿

铀矿水冶加工生产 1 t 金属铀，排放 1 100～1 200 t 铀尾矿（渣）。尾矿（渣）中含有天然放射性核素,如铀、钍、镭、氡及氡子体钋等,并含有较多非放射性有害物,如酸、碱、化学试剂及砷、镉、汞、铅等重金属毒物。石灰中和法、二氧化锰吸附法、高锰酸钾活化锯末吸附法、重晶石吸附法、硫化钡共沉淀法等都是铀废水处理常用的去污方法。

铀尾矿库中拥有尾矿水,加强对尾矿渗出水的处理,减少和消除其对环境的污染十分重要。尾矿水的处理有多种方法,如中和氧化沉淀曝气法可有效除去尾矿渗出水中的镭、锰、氟等有毒有害物质;氯化钡-石灰中和混凝土沉淀法可使尾矿渗出水中的镭含量大大降低;此外重晶石法也有很好效果。尾矿水必须重视监测,控制和防止渗出水对地表水和地下水的污染。

10.1.2　废石和尾矿的污染风险

废石和尾矿污染的主要风险如下:

(1)废石(渣)堆和尾矿(渣)库的渗漏水污染地面水源或(和)地下水

废石(渣)堆和尾矿(渣)库在露天常年经受风吹雨打和日晒,产生渗漏水污染地面水源或(和)地下水的概率较大。1979 年美国新墨西哥州的丘奇罗克矿发生事故,约有 3.57 亿 L 尾矿液和 990 t 尾矿物流入旁边的河中,且最终流入附近的里奥普埃尔利河中。

我国要求废石场、尾矿库的选址、勘察和设计严格执行《核工业铀水冶厂尾矿库、尾渣库安全设计规范》(GB 50520—2009)、《核工业铀矿冶工程设计规范》(GB 50521—2009)等有关规定,基建程序经过充分技术论证,编制环评报告并取得批复,严格施工监理和竣工验收,并有事故应急计划。

(2)废石(渣)堆和尾矿(渣)库的表面覆盖层受自然和生物的破坏,导致放射性核素(主要为^{222}Rn)释出而污染环境。

废石(渣)堆和尾矿(渣)库的表面覆盖层受自然和生物的破坏释出^{222}Rn 污染环境的概率较大。废石场和尾矿库设的覆盖隔离层要长期有效,防止^{222}Rn 释入大气。典型的废石和尾矿覆盖隔离层从下到上由防氡层、排水层、生物阻挡层、砂滤层、土壤生长层和侵蚀阻挡层等多层结构构成(图 10.2),确保有良好的防氡效果。

为了使废石场和尾矿库表面覆盖层坚固,能长期抗风雨的侵蚀,主要稳定方法有:

①物理稳定法,表面覆盖卵石、片石或泥土,经常喷水等。

②化学稳定法,表面用树脂黏合剂、石灰浆、水泥、硫酸处理过的黄铁矿等物质做成表面覆盖层,此法适合恶劣气候条件、不适合植物生长或缺乏土料的地区。

③植被稳定法,这是经济有效的方法,一般选用连根草、假俭草、旱快柳、紫穗槐、沙打旺等耐旱、耐贫瘠土和不被牛羊啃食的植物。

④综合稳定法,即联用上述方法,达到固沙防尘和降氡的效果。

(3)大型铀尾矿库和废石堆坝体坍塌

尾矿库事故的危害性在世界 100 种重大灾害中被列为第 18 位。铀尾矿库和废石堆坝体坍塌会造成大面积污染,这种情况发生概率虽小,但造成的危害和损失巨大,多发生在暴雨洪灾和地震情况下,根据预报和预警采取应急响应措施,可减小破坏和损失。一旦发生,应首先抢救受害的民众。一要尽快监测确定边界范围和划定通道,实行必要的隔离措施;二要评估和通报水源污染情况,防止人畜误用放射性核素污染的水;三要组织力量清除放射性污染物,若暂不具备清除条件,则先用临时覆盖措施,防止放射性核素污染的扩散。

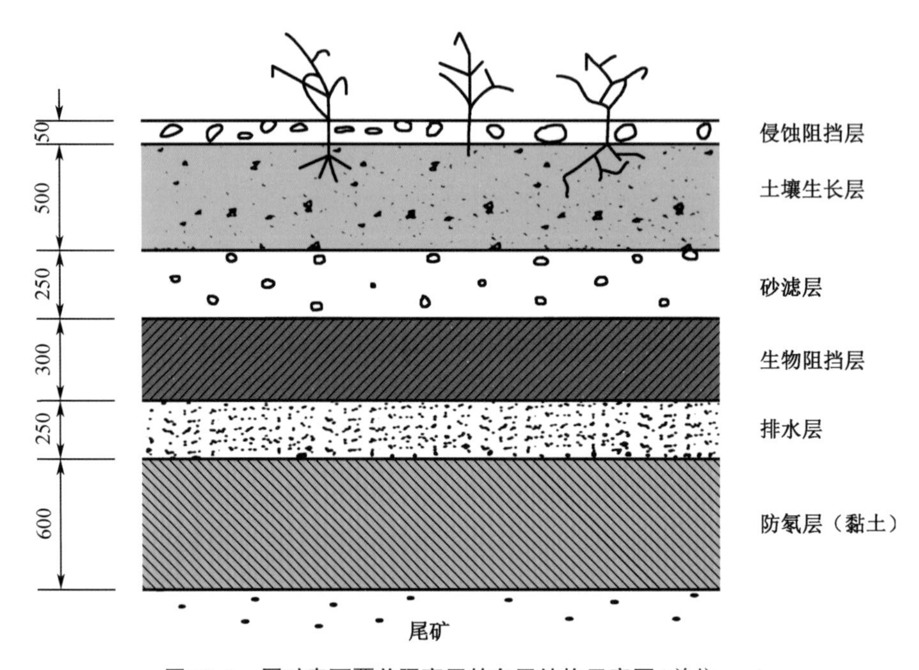

图 10.2　尾矿表面覆盖隔离层的多层结构示意图(单位:cm)

(4)铀矿废石堆和铀尾矿库被刨开取用

铀废石堆场和铀尾矿库设有围网、标志和警戒,有巡查监视制度,在地方政府有记载备案,但天长日久,加上工作人员更替流动,规章制度弱化甚至被遗忘,个别地方发生刨开废石堆取石用作建材盖房的情况,更有甚者刨开尾矿库灌水养鱼。因为铀矿中不少长寿命核素及其子体核素半衰期长,潜在危害时间长,很多年后尚有活性,仍存在很大危害性,所以必须采取长期有效监管的措施,防止这种情况的发生。

10.1.3　废石和尾矿污染的治理

早期世界上多数国家的铀矿废石和尾矿工程治理不到位,不满足长期稳定安全的要求。现在逐渐做了许多改进,如美国、加拿大、西班牙等,要求铀尾矿库工程达到千年有效,至少 200 年不发生问题,^{222}Rn 的析出率不超过 0.74 Bq/m^3。我国规定,铀废石场和尾矿库工程经过治理后达到长期安全稳定,^{222}Rn 的析出率不超过 0.74 Bq/(m^2 · s)。

国际上,对铀废石和尾矿污染的治理大多执行“防治结合,以防为主”的原则,例如:

加拿大有丰富的铀矿资源，早在20世纪30年代就开采铀矿石，加工提炼镭，供医疗使用。后来开采铀矿石生产核燃料供军用，加拿大是世界上最大的铀供应国。自20世纪50年代中期以来，加拿大境内已产生了超过2亿吨铀尾矿，有25座尾矿场，其中22座不再接收废料。所有生产和停产的铀尾矿现场都由加拿大核安全委员会、所在地的省或地区共负监管责任。加拿大针对铀矿采冶发布了许多法规，如《铀矿山水冶厂管理规定》《铀矿开采环境保护规定》《铀矿山环境影响评价规定》《铀矿山退役规定》等。

加拿大铀矿采冶产生的废石和尾矿，大多存放在废石场和尾矿库中，最大的尾矿库存有几千万吨尾矿渣。2012年3月，加拿大核安全委员会发布了新文件《铀矿废石和尾矿的管理》，为了减少废物量，提倡：

(1)采矿废石回填采空区，以减少地表废石堆放量，减少占地面积；减少地表塌陷及沉降风险；降低氡的释放，减少废物产生量及对生态环境的影响。

(2)采矿废石有组织堆放。

加拿大尾矿贮存有“湿法”贮存、尾矿堆坝贮存、地下贮存和深水贮存等。退役后的尾矿库要进行土地复原、植被等。

加拿大将20世纪中叶为开采、提炼镭和铀而积累的不少废物称为历史遗留废物，原来的业主已不可能承担其管理责任，加拿大政府接管了此工作。加拿大在霍普港和格兰比港建造了两个岗丘型地面废物处置设施，用天然和人工特制材料做成多重屏障结构。顶盖2.5m厚，基底1.5m厚，顶上有植被，能防生物闯入和阻挡降水的渗入；底部足够承重和容易泄水；周边有排水管沟和集水坑；岗丘的周围装有由检测装置和传感器组成的监控系统，可对废物监管几百年。

澳大利亚探明的铀储量占全球铀矿资源的20%以上，主要以黄饼 U_3O_8 出口。铀矿开采和加工，产生废物的场点不少，废物量很大，超百万立方米尾矿库有4个，其中南澳大利亚的Olympic Dam尾矿库6 760万 m^3。澳大利亚铀矿开采和加工遵循《采矿及矿物处理中放射性保护及放射性废物管理的安全及实践指导法令》，该法令由联邦起草，满足国际放射防护委员会的要求，由政府卫生与采矿部门执行。该法令已在1995和2005年进行过两次修订。现在，铀矿开采加工废物措施是现场处置，由矿主负责，长期管理政策是在现场处置库中处置。澳大利亚铀矿开采和加工的废物处理、处置费用，由矿主负担。历史遗留废物的处理、处置费用，由州政府出资。

南非在20世纪70年代后期曾是世界上最大产铀国，但90年代中期以后，铀矿开采和水冶厂减少，铀的产量下滑。南非铀矿开采和水冶产生的大量废石、尾矿和磷酸盐废料，大部分存放在地面蓄水池或露天堆放场中。铀水冶厂和酸厂的维修与退役产生的工艺废物，因含酸量高不能直接送往尾矿库去处置，贮存在铀矿的贮存设施中。铀采冶厂运营和退役产生大量的废钢秩，有些被铀所污染，大部分是碳钢，其表面污染通过高压水清洗，能够全部或部分除去污染。有些不锈钢部件污染的核素渗透深，高压水清洗去污效果相对较差。南非对一些铀采冶厂运营和退役产生的废钢铁做熔炼处理，有一个获得授权的熔炼厂，接收处理从铀采冶厂来的废钢铁,熔炼处理后的废钢铁供采冶厂再利用。

总结国内外对尾矿和废石放射性污染的防治经验,隔离和贮存是优选方案,虽然没有一种完美的隔离方案和不可能永久持续的隔离,但可确保放射性污染向环境的释放和迁移足够低,引起危险的概率在可接受的限值之内,这需要主管部门始终监测尾矿和废石处置系统的性能和评价其长期安全性。重要具体措施如下:

(1)降低废石和尾矿中氡的析出,重视覆土植被和护坡,持续进行覆盖层和外坡面的维护和保养。对开发的许多种覆盖材料,如黄土、塑料膜+土层、混凝土、沥青、土工膜等,其降氡的效果和代价差别较大,应因地制宜,择优选用。

(2)对坝体进行加固,建立永久性排洪、泄洪设施。铀废石场和尾矿库的围墙和坝体考虑自然(如暴雨、山洪、泥石流、强风暴、地震、大爆破的震动等)和社会(如人为侵扰、野生动植物与家畜的影响)等因素的侵扰和破坏作用,控制和防止库坝的坍塌,控制和防止废石与尾矿的流失,控制和防止^{222}Rn 的超标释放。

(3)对废石场和尾矿库进行长期监测和维护,将分散的废石和尾矿渣适当集中,减少滩位和占地面积以方便管理,最大限度减少公众的受照剂量,防止引起环境恶化和给后代造成不适当负担。

(4)设置截水沟、溢洪道与防渗屏障。

(5)对露出地表的各种坑井口进行封堵,防止废气和废水扩散迁移污染农田和水体。

(6)杜绝把铀矿废石当作建材使用和在尾矿库中蓄水养鱼。

(7)对污染的设备,根据其污染程度和可利用情况区别对待。对于污染轻的设备,经过去污之后循环使用或当作非放射性废物处置;对于污染重和去污难的物件,拆毁后回填到铀废矿井中,不能回取自用或流入市场。

铀废石场、尾矿库退役治理后应满足环境保护标准要求,确保长期安全稳定,世界上一些国家,如美国、加拿大、西班牙等,以及国际组织 IAEA 的规定,要求治理后的铀尾矿库工程达到千年有效,任何情况下至少 200 年不发生问题。^{222}Rn 析出率不超过 0.74 Bq/m^3 或处置区任何地点氡浓度增量不超过 18.5 Bq/m^3。我国规定铀废石场、尾矿库治理后的工程达到长期安全稳定,^{222}Rn 析出率不超过 0.74 Bq/(m^2. s),在工程验收移交后对工程安全有效性进行长期监护。因此,必须对铀废石场、尾矿库的坝体安全性和库周围渗漏情况,以及尾矿库总体安全稳定性进行长期观测和维护管理,控制和防止库坝坍塌与废石、尾矿流失。同时要监测废石堆、尾矿(渣)与环境隔离的效果,确保氡的析出率和释放量满足国家标准要求。坚决杜绝人们利用废石作建筑材料来建造与公众有关的公共建筑物和场所,消除对环境的辐射影响,确保生态环境安全。

我国铀矿山公众剂量约束值定为 0.5 mSv/a,国外公众剂量约束值采用 1 mSv/a。

10.2　废弃放射源的去污

放射源分为α源、β源、γ源、低能光子源和中子源等。可用来制备放射源的核素有 100 余种,制成的源达 1 500 余种,目前常用的密封放射源有四五十种。放射源在工业、农业、医疗、科学技术和国防事业中有着非常广泛的用途,如探伤、找矿、找水、找油、育种、保鲜、安保、考古、排雷等行业发挥着作用,但放射源也遵循自然法则要“生老病死”,成为废源或者废弃源(disused source),其原因很多,如:

(1)由于源中的放射性核素经过自然衰变,活度减小,不再具有使用价值;

(2)原定的使用任务已完成或中止,或者使用单位转产,不再需要使用此源;

(3)源已到设计使用寿期,不能继续使用;

(4)因技术进步,使用的源被新技术或更安全可靠的源替用;

(5)源已出现破损泄漏,不适合继续使用等。

10.2.1　废弃放射源的安全风险

废弃放射源品种多,形状和体积多样(图 10.3),分散在各处存放,长期不用易被人遗忘,无人照管易发生腐蚀泄漏,有的废源罐锈迹斑斑或残缺不全,它们的历史不清,现在的辐射剂量率和表面污染水平不清楚,包装容器里面装的什么核素不清楚,有没有造成污染不清楚,所以十分危险。如果被恐怖分子拿去制造“脏弹”,则会造成更大危害。

(a) 废源库中装在铅罐中的废源

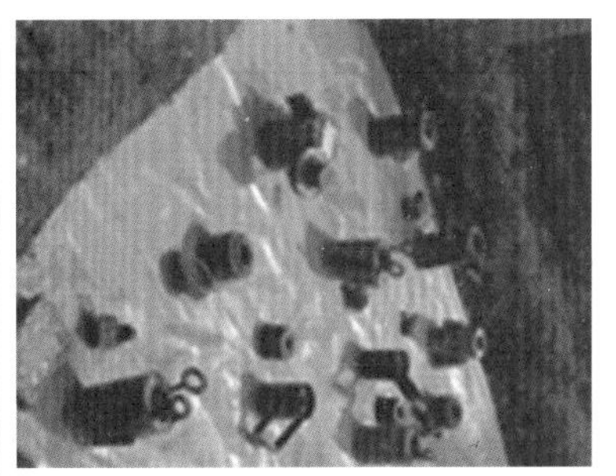

(b) 废物库中挖出的废源

图 10.3　废弃密封源多种多样

国内外历史上已经发生过许多放射源事故和事件,或者是由误置、丢失、遗弃、失去控制造成的,或者是由非法转移、违规处置,被盗、被恐怖分子窃取制造“脏弹”造成的,最终造成了人员伤亡、环境污染、经济损失和影响社会的安宁。例如:

国际上,1984 年摩洛哥丢失一枚^{192}Ir 源,造成 8 人死亡。1987 年巴西失控一枚放射性治疗用^{137}Cs源，废品商人打开了装源的容器，其女儿把一部分放射性铯涂在身上给家人跳舞，造成4人在4周内死亡。对涉及的11.2万人检测发现，249人受放射性污染，85所房屋受污染，撤离居民数百人，事故处理持续3年时间，产生去污废液5 000 m^3，固体废物3 500 m^3，去污总计花费几十亿美元，为处置这次事故产生的污染物，巴西还特建了一个近地表处置场。

1998年西班牙一枚^{137}Cs源随废钢铁进入了熔炉，造成局部空气放射性浓度达2 MBq/m^3，高出本底1 000倍，导致巨大的经济损失，其中由钢铁产量下降造成损失2 000万美元，用于清污花费300万美元，用于废物处理花费300万美元。

2000年泰国发生一次严重钴源事故，医院一枚不用的钴源（约425 Ci①）被2人偷走，为了卖铅得利，他们用氩弧焊把铅罐切开，铅罐重800 kg，打开后他们用手把钴源取出来。这2人和在场买主3人均受到严重辐照伤害，3人在一月之内先后死亡，另外，见此景受辐照伤害的还有3人，他们在三天内帮助找到了打开的钴源，避免了更多人死亡。

我国也有过不少案例，如1985年一收购站收进一个被盗的铅罐，收购员把铅罐卖掉，把源留下带回家中，一家6口人受严重照射，2人患了白血病，1人早亡。山西忻州钴源倒装、收贮引发一次严重事故，1992年11月，施工时一民工把挖到的一个放射源放在口袋中并带回家中，很快感到强烈不适住院。他与陪侍他的兄长和老父3人在半月内相继亡故。其妻怀孕没去医院照料他，但也有了身体不适之感，赴京检查，诊断为急性放射病辐射事故所致。由此引起人们重视并奋力找回了放射源，避免了造成更大损失和影响。河南杞县一家钴源房^{60}Co源卡在上面，引起辐照物着火，造成附近居民高度恐慌和混乱。南京一个野外用放射源丢失，发动了环保、公安、民警寻找，最终找到了丢失的源。虽然这枚丢失的源找了回来，未造成祸害，但产生的社会影响颇大。

综上所述，加强放射源的安全监管，杜绝事故发生十分重要。必须高度重视放射源的监管，废源必须账目清楚，与实物相符，废源的剂量率和外包装污染水平应该符合国家标准要求，破损的源必须及时处理，进行去污和加新包装，避免造成危害和扩大影响。

10.2.2 废弃放射源的监管

废放射源的安全引起国际社会高度关注，国际原子能机构发布了《放射源安全和保安行为准则》《废放射源问题的性质和严重程度》《识别和搜寻废放射源的方法》《集中废密封源设施的参考设计》《废镭源的整备和临时贮存》《废密封放射源的搬运、整备和贮存》《不用的密封放射源事故防止管理》《高活度废放射源的管理》《不用的长寿命密封源的管理》《不用的密封放射源钻孔设施处置的安全考虑》《放射源的分类》等系列标准或导则。

《中华人民共和国放射性污染防治法》规定：生产、销售、使用、贮存放射源的单位，应当

① 1 Ci = 3.7×10^{10} Bq。

建立健全安全保卫制度，指定专人负责，落实安全责任制，制定必要的事故应急措施。发生放射源丢失、被盗和放射性污染事故时，有关单位和个人必须立即采取应急措施，并向公安部门、卫生行政部门和环境保护行政主管部门报告。各级政府部门按照各自职责，立即组织采取有效措施，防止放射性污染蔓延，减少事故损失。

国务院令第 449 号《放射性同位素与射线装置安全和防护条例》(以下简称国务院令第 449 号)，将放射源分为五类：

Ⅰ类源，极度危险源，例如放射性同位素热电发生器、辐射装置等；

Ⅱ类源，高度危险源，例如工业 γ 照相源等；

Ⅲ类源，危险源，例如固定工业测量仪源(如料液测量、挖泥测量)等；

Ⅳ类源，低危险源，例如骨密度仪、静电消除器源等；

Ⅴ类源，极低危险源，例如植入人体源、医疗诊断用^{99m}Tc、治疗用^{131}I 等。

国家规定每枚放射源都有一个唯一的终身不变的识别编码，该编码由 12 位数字和字母组成。放射源的编码卡上注明核素名称、出厂日期、出厂活度、生产厂家、外形尺寸、标号和编码等。编码卡固定或插在包装容器或仪器设备上，伴随它“从出生到死亡”，实现放射源的全过程信息化统一监管。对于Ⅰ类、Ⅱ类、Ⅲ类废旧放射源，要求使用单位应当交回生产单位或者返回原出口方。确实无法这样做的，应送交有相应资质的放射性废物集中贮存单位贮存；对于Ⅳ类、Ⅴ类废旧放射源，应当进行包装整备后送交有相应资质的放射性废物集中贮存单位贮存。

2004 年我国开展了“清查放射源，让百姓放心”专项行动，对许多分散存放的废放射源进行了收集，建立国家废源库进行集中贮存，国家废源库现已接收 14 万多枚各类放射性废源。国务院令第 449 号对放射源安全管理做了许多规定，如同位素生产、进口、出口、销售、使用、贮存单位，都须获许可，对放射源实施跟踪管理。收集废源必须检测源货包装表面剂量率和 1 m 远处的剂量率，检查有无破损和污染。早期制造的放射源，有的源芯含液体、粉末或可溶性化合物，并且封装技术相对落后，容易出现泄漏，导致污染扩散和人员受辐照。废源贮存场所应有通风的专用设施，有气溶胶和 γ 辐射等监测，有防火、防盗安保措施，有各种废源的存放记录。不仅要关注长寿命核素源，还要重视源存放过程中衰变生成的长寿命子体核素产物。处理裸源或把源从屏蔽容器中取出，要根据其活度和物理化学状态，在热室或手套箱中用机械手或适当长柄工具进行，并有辐射防护人员监护和指导。不允许在没有恰当防护措施和技术指导的情况下打开废源。废密封源不允许作压实、切割和焚烧处理。

废源管理特别要重视泄漏源、粉末源、液体源和中子源。特别是废镭源，20 世纪四五十年代镭源在医疗上用得较多，如用溴化镭源治子宫癌等。^{226}Ra 是极毒 α 放射性核素，它有 2 个可恶的子体：一是^{222}Rn，这是气态 α 放射性核素，容易扩散污染，在密闭容器中容易造成过压而泄漏；另一个是^{210}Po，这是极毒致癌放射性核素。^{226}Ra 属极毒放射性核素，并不断放出氡气，久置的镭源因包封壳体过压会发生泄漏，当镭与其子体达到平衡态时，其总放射性

强度增加约10倍,因此镭源属于潜在隐患大的放射性核素,人们对其高度关注,并研发了多种包装措施,例如:

(1)IAEA塞伯斯道夫(Seiberdorf)研究所开发的废镭源整备技术,将镭源封在不锈钢管中,然后放入衬钢的铅容器中,再将该包装放入填充混凝土的200 L钢桶中。

(2)IAEA推荐的一种整备方法,使用200 L标准桶(一种涂漆钢),桶内周壁布置钢筋,注入水泥浆到桶的1/3高度,然后在桶中央位置放入待处置的镭源,再浇注水泥浆至满,封盖后进行贮存或处置。

(3)TIG(tungsten inert gas welding)技术,在氩气氛中把镭源封装在9个细钢管和一个粗钢管中,然后安插在一个铅容器中。再将此铅容器安置在一个200 L内衬混凝土的钢桶中。每桶最多容纳560 mg Ra(20.52 GBq),保证桶外表面剂量率符合允许水平。此方案的关键技术是焊封。

(4)采用200 L钢桶内壁加衬钢筋混凝土,中间放置装镭源的容器,周围装填活性炭。为可以回取,内容器装满后不是浇注水泥浆固定,而是用预制好的水泥顶盖加以紧固。

(5)比利时开发的一种方法,将含少量镭的废源装在100 L金属桶中,灌满砂,密封,放进400 L金属桶中,两桶的中间空隙浇注水泥砂浆固定。

为保证废源的安全贮存、运输和处置,人们正在积极研发专门的外包装和多功能容器。图10.4所示是一种废镭源多层包装的装置设计。

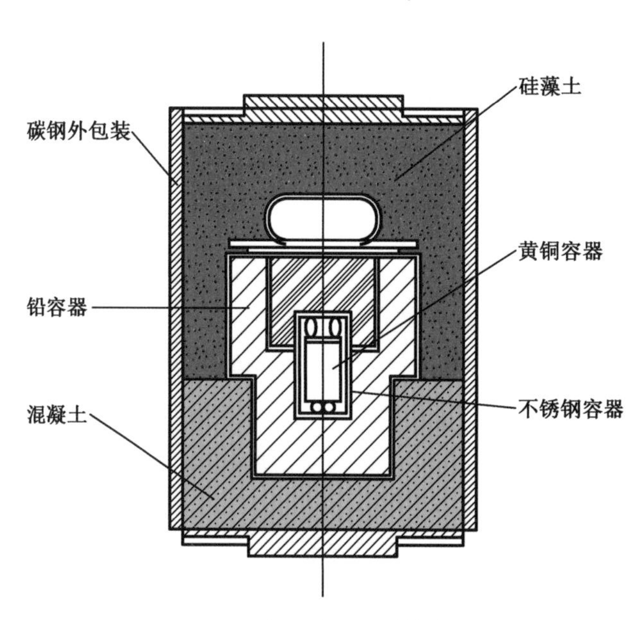

图10.4 废镭源多层包装的装置图

废放射源的处置,通常根据放射性核素半衰期的长短,采取如下策略:

(1)半衰期很短源,衰变贮存→运输→一般填埋处置;

(2)半衰期较短源,整备→运输→近地表处置;

(3)半衰期长源,整备→贮存→运输→地质处置。

对于废密封放射源的管理,目前国际上做得较多的工作是整备和贮存,为处置做准备。废源的整备,如进行固定、再包装等。固定多数用水泥作基材,也有用低熔点和导热性好的金属作基材,如浇注在熔融的铅中等。IAEA 对废密封源提出的可供选择的处置方案见表 10.1。

表 10.1　可供选择的废密封源处置方案

半衰期	活度/Bq	优选方案		可替代方案	
		方法	最终出路	方法	最终出路
$T_{1/2}<100$ d	任意	衰变	清洁解控	整备成标准废物包	近地表处置
100 d$<T_{1/2}<$30 a	$<10^6$	整备成标准废物包	近地表处置	为运输做包装	返回供货方或其他出路
100 d$<T_{1/2}<$30 a	$>10^6$	为运输做包装	返回供货方或其他出路	整备成特殊废物包	深地质处置
$T_{1/2}>30$ a	$<10^3$	整备成标准废物包	近地表处置	为运输做包装	返回供货方或其他出路
$T_{1/2}>30$ a	$>10^3$	为运输做包装	返回供货方或其他出路	整备成特殊废物包	深地质处置

废源的安全处置已受到世人关注,现开发了多种方案,例如:

(1)俄罗斯 RADON 研究所开发的一种低、中放废源处置办法,在热室中将废源从铅罐中转移到底板可以抽开的特殊容器中。将这特殊容器运送到处置井筒上,井筒深约 6 m,混凝土结构,内衬钢壁,在井筒里放置 200 L 的钢桶,当特殊容器底板开启时,废源就掉进该 200 L 钢桶中。铺满一层废放射源后,浇注一层低熔点的铅或铅-锡合金熔融物,以作固定。再放入一层废放射源后再浇注一层熔融物,直到 200 L 钢桶装满。井筒和钢桶周围的空间浇注水泥浆,200 L 钢桶就处置在井筒中。

(2)南非核能公司开发钻孔处置废密封放射源的方法,钻孔深度 100 m,钻孔直径 165 mm。IAEA 组织专家评价了这种处置方法对^{226}Ra 和^{241}Am 源的安全性,同时对废源的包袋、回填材料选择、回填方式与钻孔封闭等都做了论证和评价。

10.2.3　废弃放射源去污

国务院令第 449 号规定,对放射源必须实施跟踪管理,放射源的流转只能在取得许可证的单位之间进行,对放射源定期盘点,保持申请采购和使用情况的记录。废源的出路有三:

(1)短寿命核素的废源经贮存衰变,达到解控豁免标准后作非放射性废物处理;

(2)返回生产单位或原出口方;

(3)送交放射性废物集中贮存单位贮存和处置。

放射源一旦出现破损泄漏,会造成放射性污染扩散蔓延,需要谨慎、快速和有效处理。谨慎是为了防止影响社会的安宁,快速是为了减少人员和环境受照,有效是为了降低去污的人力、物力和财力,需要采取的措施很多,如:

(1)首先要弄清污染源的核素类型和活度,设计去污方案与工作人员防护措施。

(2)选择合适的检测仪器,准确测定气溶胶和辐照强度。

(3)若需用检测车巡测者,确定污染的边界范围,评估是否需要封闭隔离,判定水源和地下水是否受到污染。

(4)积极找到造成祸害的放射源,根据其活度水平选用适当工具(如用长柄钳或机器人)将其"捕捉"出来,装进准备好的适当的铅罐中。

(5)对污染的墙面、路面与地面进行针对性去污,将清出的污染放射性核素的泥土和杂物装入适当的钢桶或钢箱中待安全处置,不能把非放废物装进钢桶或钢箱中当作放射性废物收储,导致放射性废物扩大化。

(6)发生有社会影响的事故/事件,对相关人群做好宣讲工作,降低或消除社会影响。

10.3 低浓含氚废液的净化处理

氚是氢的三种同位素(氕 H,氘 D,氚 T)之一,低能纯 β^- 发射体,半衰期不长($T_{1/2}=12.3$ a)。氚虽是低毒性和半衰期不长的核素,但由于氚的以下特性仍引起世界各国的高度重视。

(1)氚易挥发,有很强的扩散性、渗透性、迁移性,极容易在操作过程中污染设施、系统和设备及工作人员和周围环境。氚可以氚氢气(HT)、氚氘气(DT)和氚气(T_2)与氚化水(HTO)、氚氘水(DTO)和 T_2O(氚水)等形式出现,极易参与大气、水体、生物体的循环。在氚的生产、分离、纯化、贮存、输运等过程中,必须确保设备、管道的密封性与操作的安全性。

(2)氚是有重要用途的核素,如作核武器材料(制造氢弹和中子弹),作核聚变原料或聚变裂变混合堆原料发电、制氢、制造标记化合物和示踪剂等。

(3)氚半衰期短,自发衰变每年自减约 5.5%,需要不断生产补充。涉氚的工艺和环保安全的环节比较多,如重水堆脱氚,轻水堆氚的回收和废水的净化,同位素生产制备过程中含氚废水的净化等。

(4)氚的外照射危害小,内照射危害不能忽视。氚易通过呼吸、饮食、皮肤和毛孔侵入人体,极易被人体吸收,参与人体血液循环,进入人体细胞、骨髓和机体组织中,分布全身。同样,氚易进入植物和生物体内,分布在谷类、瓜果和蔬菜,蛋品、牛(羊)奶及水产(海产)品中,所以,氚的污染途径十分广泛。

(5)氚与氢的化学性质类似,氚不能用离子交换、蒸发和沉淀等方法除去,易造成流出物排放超标，这是一个令人十分头痛的问题。

大体积低浓含氚废水的去污净化是当今世界关注的难题。韩国原汉城原子力研究所 KAERI 有 2 个研究堆，运行产生的含氚低放废水，经过处理后，无适当水体排放仅氚稍超标的水，他们研发了向大气排放工艺，将经过处理的低氚水喷淋在挂在大厅中的布条上，借助太阳能和鼓风机的作用排往大气。通过检测和计算释放的辐射剂量，评价对职业人员和公众的吸收剂量，表明满足国家规定的安全标准，申报审批，准于排放。KAERI 运用此法，多年来安全排放了这 2 个研究堆运营产生和后来退役所产生的处理过的低氚水。此法的不足是功效低，受环境气候影响大。

10.3.1　氚废物的产生

氚既是天然放射性同位素，又是重要人工放射性同位素。天然氚产自宇宙射线与大气层物质的作用，人工氚主要来自反应堆、后处理厂和核武器研制生产。反应堆产氚主要基于以下核反应：

(1)反应堆中铀或钚三裂变；

(2)反应堆冷却剂(重水)中氘核活化

$$^{2}H+n\rightarrow ^{3}H$$

(3)控制棒及冷却剂中硼、锂的中子俘获

$$^{10}B+n\rightarrow ^{3}H+2^{4}He, ^{6}Li+n\rightarrow ^{3}H+^{4}He$$

反应堆的产氚量由大到小，重水堆>压水堆>沸水堆。反应堆运行产生的氚，主要包容在乏燃料元件的包壳中。乏燃料后处理时，氚约 80%进入水相，20%进入气相。

我国制定的《氚内照射剂量估计及评价方法》(EJ/T 287—2000)，对饮用水和大气氚的排放都做了规定。我国核电站排放受纳水体离排放口 1 km 处^{3}H控制值小于 100 Bq/L。《核动力厂环境辐射防护规定》(GB 6249—2011)规定核动力厂向环境释放的放射性物质对公众中任何个人造成的有效剂量必须低于 0.25 mSv/a，规定气载流出物氚控制值，轻水堆为 1.5×10^{13} Bq/a，重水堆为 4.5×10^{14} Bq/a。

10.3.2　氚废物净化处理难点

氚比活度很高，1 g ^{3}H 为 3.57×10^{14} Bq，而 1 g ^{239}Pu 为 2.2×10^{9} Bq，氚要高出 5 个量级。氚测量常在取样后用液体闪烁计数仪测量，灵敏度高(3.7×10^{-2} Bq/mL)、重现性好、干扰少。

对于高浓含氚液($^{3}H>10^{9}$Bq/L)，可采用催化交换法、电解法、低温蒸馏法、钯膜气体扩散法、激光分离法、热扩散法等方法进行分离、浓缩和纯化。

对于废气和废液中的低浓氚的去除和净化，不值得采用上述的高代价方法。有用敷镍的硅藻土、敷铑的氧化铝作催化剂，用钛、锆、铪、钍等金属制成的过滤器来捕集氚，也有用苯乙烯在催化剂作用下捕集氚。中国工程物理研究院采用催化氧化和5A多孔分子筛吸附方法处理气体中的低浓氚，对空气的净化处理有良好效果。加热（120～500 ℃）催化氧化用亲水催化剂，常温催化氧化用疏水铂-聚乙烯-二乙烯苯基催化剂（Pt-SDB）和铂-聚四氟乙烯催化剂（Pt-PTET）。

因氚的渗透性强，如果操作氚量大的系统，表面吸附的氚可以快速进入材料内部，使得工艺设备形成深度污染，对氚污染系统拆除前应进行除氚处理。

降低系统内氚污染水平的方法有吹气法（工艺系统在线去污：采用热气流和含氧化气体的气流冲洗）、热解吸法、真空解吸、紫外-臭氧去污法等。氚污染金属离线去污采用臭氧氧化加高温解析方法，可达到解控水平。在核设施退役实践中热解吸同位素交换除氚、紫外-臭氧去污效果均良好。

世界上，对已用过滤、离子交换、蒸发和膜技术处理过但氚还超标不能排放的水（和气），目前尚无经济、安全的好办法。重水堆中，慢化剂重水的氘原子在中子照射下变成氚。已发现，重水堆退役时，由于回路中残留的少量重水活化成了氚，这少量的氚因为没有预估和准备应对的措施，给退役工作带来了大麻烦。

含氚泵油是常遇到的含低浓氚废物，中国工程物理研究院研究用吸收剂固定-多重包装-密封贮存方法处理。

（1）吸收剂，可用黏土、硅藻土、蛭石粉、Nochar等，要选吸油率高，渗油率低（$<1\%$），体积膨胀率小的吸收剂。

（2）多重包装，第1层主要为阻氚层，第2层为阻氚缓冲层，第3层为保护层。

（3）密封贮存，贮存85 a衰变7个半衰期，氚降低100多倍；贮存120 a，衰变10个半衰期，氚降低近3个量级。根据氚源项数值，可容易算出要达到解控水平需要封存多少年。

对氚的内照射防护要高度重视，特别是重水堆的退役。拆卸重水系统时，要穿戴带呼吸器的防护服。德国卡尔斯鲁厄研究中心在多用途重水研究堆退役时，安装几个固定测量站监测氚。在拆掉重水系统时增加可移动氚测量站，用直接读数流量式正比计数器监测氚，灵敏度为4×10^4 Bq/m^3，如果工作区空气中氚浓度大于1×10^5 Bq/m^3，工作人员每月要检测一次尿中氚。

英国GTRR重水研究堆退役时，绝大部分氚被转移了出来，但不知冷却剂系统有残量氚污染水存在于管道弯管和低点处。冷却剂系统打开后，氚气溶胶扩散，使设施中氚达到较高浓度，后来采用应急措施，加强临时通风解决。

10.4 复合系统的去污

核设施有不少复合系统，如主工艺系统、辅助工艺系统、通风系统、供电系统等。重要的复合系统的去污有反应堆不停堆去污、反应堆换料检修去污。

10.4.1　反应堆不停堆去污

反应堆运行过程中,冷却剂回路系统受热冲击和辐照作用,设备金属材料受腐蚀,并被中子活化,活化产物吸附或沉积于回路管道的内表面,导致反应堆现场辐照水平上升,工作人员受照剂量升高,因此,进行不停堆去污降低辐射水平有重要意义。

为了使反应堆集体剂量当量可合理做到尽量低(ALARA 原则),在反应堆装料情况下进行所谓不停堆去污,这种去污应满足以下要求:

(1)在反应堆装料情况下进行去污;

(2)去污剂有良好的热稳定性和辐照稳定性;

(3)能有效地把一循环冷却剂系统表面上的放射性沉积物除去;

(4)去污剂对系统腐蚀作用小;

(5)二次废液中的放射性核素容易用离子交换法除去。

例如美国有一则报道,压水堆采用 CANDE-CON(络合剂+湿润剂组成)或 LOMI(甲酸亚钒吡啶羧酸稀溶液)去污,用 $KMnO_4$ 做预处理,把 Cr_2O_3 氧化到 Cr^{+6} 离子。据 9 个核电厂对一回路去污的结果,平均每厂花费 100 万美元,降低辐照剂量 2 169 人 · R①,这相当于 1 人 · R 460 美元,效-价比是很高的。

反应堆元件要定期换料,卸出的乏燃料要在水池中保存几年再进行后处理,维持优良水质避免或减轻元件的腐蚀作用,这是“无病先防,防患于未然”的良策,所以对乏燃料水池应该关注:

(1)维持水温≤40 ℃;

(2)经常除去池底淤泥物;

(3)用过滤除去池水中悬浮物;

(4)避免燃料元件与其他金属形成电对接触;

(5)避免燃料元件与其他金属形成缝隙腐蚀;

(6)避免尖锐物体损坏元件表面;

(7)避免加入次氯酸钠类化学试剂,去除微生物或藻类,加入 35% H_2O_2 可有效地杀死水中的微生物和藻类;

(8)维持弱光照射,因为强光照射会导致水池中滋生微生物和藻类与促进元件的腐蚀;

(9)用优质水更换池水,池水连续进行离子交换净化处理,可以维持优良水质;

(10)经常监测和控制池水的化学品质及放射性核素浓度,做好记录,设置水下摄像监测装置。

对于研究堆元件的铝包壳,容易被腐蚀,控制贮存水池的水质极为重要,特别是控制电

---

① 1 R = 2. 58×10^{-4} C/kg。

导、pH 和一些侵蚀性离子,如 Cl^-、NO_3^-、F^-、SO_4^{2-} 的浓度和重金属离子,如 Hg^{2+}、Cu^{2+}、Ag^+、Fe^{3+}等,最佳条件为:pH 5.5~6.5;电导 1~3 μS/cm;Cl^-、NO_3^-、F^-、SO_4^{2-} 浓度低于 1ppm;Hg^{2+}、Cu^{2+}、Ag^+浓度低于 20ppb①。

10.4.2 核设施大修换料的去污

多数核设施的系统、设备和部件,在运行过程中都会受到不同程度的污染,常采用多种去污剂去污。下面介绍几种效-价比高的综合去污法。

德国卡尔斯鲁厄研究中心 MZFR 多用途研究堆,用 CORD/UV 法多循环软去污,去污步骤如下:

(1)初步氧化用稀 $KMnO_4$,把氧化膜中 Cr(Ⅲ)氧化为易溶的 Cr(Ⅵ),$KMnO_4$ 浓度不超过 2 000 mg/kg,处理温度≤95 ℃;

(2)用草酸还原过量的 $KMnO_4$;

(3)从表面氧化膜层溶解下来的金属离子,以配合物形式进入溶液中,腐蚀产物和溶解的放射性核素连续交换到离子交换柱上;

(4)产生的有机废液用紫外光催化湿法氧化,分解成 CO_2 和水,用离子交换法连续净化。

比利时莫尔 BR-3 原型压水堆用 CORD 工艺对一回路去污,整个系统去污后污染设备的剂量率均减少了 90%,去污过程总受照剂量为 0.16 mSv。

中国原子能科学研究院和核工业第二设计院为后处理厂合作开发 FL[NaF+HNO_3+L(缓蚀剂)]去污剂,如:

(1)对固定污染设备去污,采用 0.2%NaF+6%HNO_3+1%L;

(2)对于热点去污,采用 3.5%NaF+16%HNO_3+1%L;

(3)对于严重污染 Pu 的热点的去污,采用 1%NaF+16%HNO_3+1%L;

(4)交替使用 FL-AP 法,采取以 FL 开始,AP(AP-碱性高锰酸钾 0.1 mol/L $KMnO_4$+1 mol/L NaOH)结束,具有高效、低腐蚀、二次腐蚀少等优点。

中国原子能科学研究院研究堆改建时,一回路的去污,选用如下四种去污液:

(1)7% H_3PO_4;

(2)3% HNO_3+0.7 mol/L $KMnO_4$;

(3)6.3% $H_2C_2O_4$+10% $C_6H_8O_7 \cdot H_2O$ 或 $C_6H_{14}N_2O_7$;

(4)7% H_3PO_4+3%CrO_3。

① 1ppb=10^{-9}。

10.5　人体放射性的去污

辐射分为非电离辐射和电离辐射两大类,能量<10 eV 的紫外线、可见光、红外线、微波、无线电波,称为非电离辐射。能量>10 eV 的 X 射线、γ 射线、中子、β 射线、α 射线等称为电离辐射。直接引起电离辐射的辐射,如:电子、β 射线、质子、α 粒子等带电粒子,间接引起电离辐射的辐射,如:光子、中子等。电离辐射作用于人体,其能量传递给机体的分子、细胞、组织和器官,产生以下的生物效应(图 10.5)。

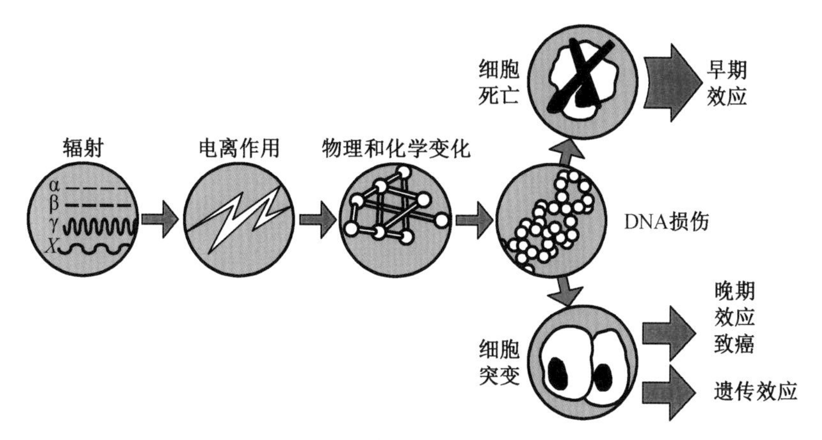

图 10.5　电离辐射生物效应

辐射的患害分为产生对人体器官、组织损害的躯体效应与对生殖细胞、遗传物质损害的遗传效应,这与受照射的剂量有关。低剂量率辐射所引起的损害与高剂量率辐射所引起的损害是大不相同的(表 10.2),所以加强辐射防护有十分重要的意义。

表 10.2　不同受照剂量对人体的影响

一次受照剂量	对人体的影响
小于 100 mSv	无影响
100~250 mSv	观察不到临床反应
250~500 mSv	可能引起血液变化,但无严重伤害
500~1 000 mSv	血液发生变化,且有一定损伤,但无倦怠感
1 000~2 000 mSv	损伤,可能发生轻度急性放射病,容易治愈
2 000~4 000 mSv	明显损伤,能引起中度急性放射病,能够治愈
4 000~5 000 mSv	能引起重度急性放射病,虽经治疗但受照者 50%可能在 30 天内死亡,其余 50%能恢复
大于 6 000 mSv	引起严重放射病,可能致死

辐射对人体的照射分为内照射和外照射。内照射是进入人体内的放射性核素对人体所产生的照射,外照射是体外辐射源对人体所产生的照射。这种照射可能来自人工放射性核素,也可能来自天然放射性核素、宇宙射线。当人体远离辐射源或采取足够屏蔽防护措施后,可不再受外照射的危害作用,而内照射要持续一定时间,甚至使人体终生受照射,所以,减少辐射源和采取精准管理措施十分必要,这包括对辐射源的监管控、对工作环境的监管和对人员的医疗防护等。

核设施运行时化工设备难免有跑、冒、滴、流情况发生,造成放射性污染和污染扩散,特别是发生运行事故/事件或(和)辐射事故/事件时,产生人体放射性污染的概率较大,受到辐射伤害的人员送至相关医院,或者请求医院派人到现场救治,应采用快捷、稳妥方式不误救治。对于计划性事故或事件,应当按照应急预案的要求,实施处置方案和进行具体处置。对于非计划性事故或事件,要审慎做好应急处理和处置。

10.5.1 体表放射性污染的去污

人体体表去污有擦洗、刷洗和冲洗等多种,一般方法与要求:

(1)材料:温水、去污香皂或清洁剂、软毛刷、海绵、塑料布、胶布、毛巾、床单、碘片或碘溶液等。

(2)先后顺序:脱去衣服放在塑料袋里。最先处理外伤、出血、骨折、休克等急症。确定污染范围,标记清楚,去污前将其盖好。伤口有污染时,去污操作由伤口开始,逐渐向污染最严重的部位推进。

(3)伤口污染:要做紧急去污,防止放射性核素通过伤口进入体液。用标准的含盐溶液反复冲洗,在某些情况下可考虑采用外科清创术。对于眼睛和耳朵,可用等渗盐水轻轻冲洗。发现体表创伤怀疑有放射性核素污染时,在不扩散污染的前提下,应立即离开现场,用大量清水或蒸馏水反复多次冲洗伤口,促进伤口出血。若污染钚等核素,可用大量酸性DTPA($pH \approx 3 \sim 5$)溶液冲洗伤口。这种清洗越早,效果越好,最好在辐射防护人员及医务人员指导下进行。

(4)局部污染:用塑料布将非污染部位盖好,并用胶布将边缘粘牢。浸湿污染部位,用肥皂水轻轻擦洗,并彻底冲洗;重复几次,并监测放射性的变化;每次的持续时间不超过2~3 min。使用稳定同位素溶液可增加去污效果。

(5)大面积污染:无严重损伤的病人用淋浴。严重损伤的病人可在手术台或担架上洗浴。反复进行浸湿—擦洗—冲洗,并观察去污效果。要及早在辐射防护人员的协助下由医师做外科处理。

(6)去污目标:α 射线低于 4×10^{-2} Bq/cm^2;β 射线低于 4×10^{-1} Bq/cm^2;γ 射线降至本底的 2 倍。高能 β^- 射线会造成皮肤烧伤,需要重视,α 射线通常不会造成外照射。

10.5.2　体表放射性污染去污剂的选择

去污剂的选择方法如下：

(1)具有高的去污效果；

(2)对皮肤刺激性小,对机体无伤害；

(3)不促进体表对放射性核素的吸收；

(4)去污剂温度以 40 ℃为宜；

(5)去污次数不宜过多,以免损伤皮肤黏膜。

10.5.3　体内放射性污染的去污

体内污染是放射性核素通过皮肤(创伤、烧伤、烫伤或毛孔渗入)或通过呼吸道或消化道进入人体。进入体内核素由于放射性衰变和通过粪便、呼气等途径排出体外而减少。内照射的危害作用与进入体内核素的种类、数量、状态,以及在体内的代谢规律等因素有关。

需要特别关注半衰期长、排出体外慢和毒性大的核素。有些核素在人体内分布比较均匀,如 ^{40}K、^{137}Cs 等;有些核素主要沉积于骨骼,如 ^{49}Ca、^{90}Sr、^{226}Ra、^{239}Pu 等;有些核素主要沉积于肝脏,如 ^{210}Po、^{198}Au 等;有的则聚集于甲状腺,如 ^{131}I 等。

为确定进入人体内放射性核素的种类、数量和沉积部位,可采用人体计数器,如用于全身探测的全身计数器和用于探测某放射性核素的专门装置,如肺钚计数器、甲状腺计数器等。对于进入人体的氚量,常用测尿中氚来评定。一般根据摄入量(也有根据排泄量)用标准模式(参考人模式)估算出所产生的剂量当量。

(1)体内放射性核素促排剂选择

体内放射性核素促排是把进入人体内的放射性核素排出体外,减少体内的放射性核素积存量,这是防治放射性核素内照射损伤效应的根本措施。当放射性核素进入血液或软组织早期,多呈离子态或不牢固结合态,及早施行促排治疗,可收到良好效果,拖延时间越久牢固结合于组织器官的量越多,则促排效果越差。促排体内放射性核素的促排剂多用有机络合剂,理想的放射性核素促排剂应符合下述条件：

①在人体的 pH 环境中能形成配合物；

②形成的配合物稳定性高；

③毒性低,易于经肾随尿排出或经肝胆系统随粪便排出；

④不参与人体代谢过程,也不发生任何变化；

⑤易经肠胃道吸收,且能透过细胞膜。

经实验治疗或临床应用证实,有显著促排效果的络合剂,主要是氨基、羧基型络合剂,例如：

①二乙烯三胺五乙酸(DTPA-CaNa),又称促排灵,以及其有酚性羟基的多胺多羧络合

剂喹胺酸，他们对钍及超铀核素（^{232}Th、^{234}Th、^{239}Pu、^{241}Am、^{242}Cm、^{252}Cf 等）和稀土核素（^{90}Y、^{140}La、^{144}Ce、^{147}Pm 等）有显著促排效果。

②巯基型络合剂，如二巯基丙磺酸钠和巯基丁磺酸钠，对 ^{210}Po、^{76}As、^{203}Hg 等有良好的促排效果。

③氨烷基次磷酸型络合剂，如二乙三胺五甲基次磷酸（DTPP）的钙钠盐，对 ^{235}U、^{203}Po 和稀土等核素促排效果好，对 ^{235}U 的促排效果尤佳。

此外，碘化钾对碘内污染是最有效的促排药物。阻吸收和促排放射性核素的药物举例见表 10.3。筛选高效无毒的促排药物已取得很多成果，但尚有不少发展空间。

表 10.3　阻吸收和促排放射性核素的药物举例

作用	药物和用法	附注
催吐	吐根，口服 1~2 g	可复用药直至呕吐
祛痰	氯化钠，露化吸入	长时间吸入刺激支气管黏液分泌
促排	乳酸锶，口服，300 mg/次，2~5 次/天	随餐同吃，及早服用有效
	氢氯噻嗪，口服 25 mg/次，2 次/天，并饮茶水	利尿促排气，有明显肾病者禁用
	喹胺酸，肌注，1 次/天，3 天	对 Ce，Pr，Pm，Zr，Nb，Th，Pu 有促排作用，肾疾患者禁用
	Ca-DTPA 钠盐，雾化吸入或静脉点滴，或肌注 Zn-DTPA 钠盐，用法和剂量同上	对可溶性锕系核素，尤其是吸入的有促排作用，肾病患者禁用； 毒性比 Ca-DTPA 钠盐低，早期宜用 Ca-DTPA 钠盐
阻吸收	碘化钾，口服 100 mg，有持续进入体内情况，重复用的 10 天	对碘过敏者，肝肾肺功能不全者不宜服用
	芦戈氏液，立即口服 2 mL，然后 1 mL/天，7~14 天	阻止碘在甲状腺蓄积
	普鲁士蓝，口服 1 g/天，3 日/周，3 周或更长久	阻止铯肠道吸收，长期服用引起便秘
	活性炭，10 g，和水口服	能吸附多种离子
	磷酸铝凝胶，口服 15~45 mL	阻止锶吸收，可引起便秘
	硫酸钡，口服 200~300 g，用水混匀	能阻止锶吸收
	褐藻酸钠，口服，首次 3~5 g，3 次/天，3~5 天	能阻止 Ra，Ba，Sr 从肠胃道吸收，首次服药必须在摄入核素后 4 小时内口服才有效

(2) 体内放射性污染的促排要点

①尽快离开污染现场；

②尽快清除初始部位的污染；阻止人体对放射性核素的吸收；尽快排出进入人体的放

射性核素,减少其在组织器官中的沉积。

③当皮肤、黏膜伤口受污染时,应尽量消除污染;经口摄入时,应先用清水漱洗咽部,消除残留放射性物质;已进入胃肠道时,必要时可洗胃、灌肠或使用泻剂,促使排出;可以根据不同同位素使用阻吸收剂,如摄入放射性铯用普鲁士蓝,锶用褐藻酸钠,铀用碳酸氢钠,钚和超铀元素用 DTPA 钙钠盐和锌钠盐,钋用二巯基丙磺酸钠,氚用氢氯噻嗪或大量饮水加速排出等。

④对于吸入放射性碘的情况,因其大部分浓集在甲状腺,服用稳定碘(碘化钾)可阻止甲状腺对放射性碘的吸收。甲状腺对碘的吸收与年龄有关,年龄小的儿童吸收能力最强,随年龄增长,吸收能力逐渐减弱。对于服用稳定碘,要注意时机和恰当用量:如果吸入放射性碘前 6 h 或稍短时间,服用稳定碘,对放射性碘防护几乎可以达到 100%;如果吸入时服用,效果约为 90%;吸入后 6 h 服用,效果降至约 50%;如果吸入后一天服用,服用稳定碘已不起作用。一般成人一次碘化钾服用量以 130 mg(相当于稳定性碘 100 mg)为宜,每日一次,连续服用不应超过 10 次;或每日 2 次,每次 130 mg,总量不超过 1.3 g;儿童和青少年为成人用药量的 1/2;婴儿为成人用药量的 1/4;新生儿为成人用药量的 1/8。

第11章　核设施退役的去污

操作放射性物质的设备、系统和场所都可能有不同程度的放射性污染。退役要把系统和设备切割解体，要对厂房、场址和环境整治，要让废物最小化、无害化和资源化都少不了去污，因此，国外人士常把去污和退役联系在一起，称为 D&D（decommissioning and decontamination）。

退役去污涉及以下五大方面：

（1）设备去污，单个设备，如各种槽、罐、柱、床、器和仪表；

（2）系统去污，如反应堆回路系统、通风系统、供料系统、管道系统、检测系统等。

（3）构筑物去污，包括地面、墙面、天花板、屋顶、地下室、贮井、管廊等。

（4）场址去污，包括土壤、地下水、地面水、植被、林木、天然蒸发池等。

（5）人体污染去污，包括人体体表去污，人体体内去污。

11.1　退役去污的必要性和重要性

核设施退役在确定退役目标和终态要求后，对核设施的系统和设备进行切割、解体和拆除，首先要查清源项，确定去污方案，优选针对性的去污方法，对于放射性很强的部分，常选用高压射流、干冰去污、激光去污等可远距离操控的技术。可去污之后切割解体，也可切割解体之后，运到专门去污室进行去污。核设施内的热室、手套箱、通排风系统和地下设备室的废液槽罐和废液管道系统常要用多种手段去污。对于小件设备，常选用化学法去污，电解法去污，超声波法去污等。去污方法选择示例参见表11.1。

表11.1　去污方法选择示例

对象	核设施，系统	设备，部件	构筑物	环境（道路，水，土，林）
选择方法	高压喷射，擦拭去污，激光去污	高压喷射，可剥离膜，干冰，激光，化学法，电解法、超声波、熔融	高压喷射，擦拭，可剥离膜，生物法	物理法 生物法 化学法
主要目的	降低工作人员受照剂量；减少废物量	再循环/再利用；减少废物量；	再循环/再利用 减少废物量 降低本底照射剂量	清洁解控； 降低本底照射剂量

系统和设备切割、解体、拆除及运出之后，须对场址进行清污和环境整治，满足国际原子能机构建议的对公众有效剂量约束值为 0.3 mSv/a(IAEA，WS-G-5.1)的要求时，场址可实现无限制开放使用，即原场址边界消除与社会融为一体，可以经营任何工、农、商、学业。如果有效剂量约束值在 0.3～1 mSv/a 范围内，则可以有限制开放使用，即在该场址内不能任意开展活动，公众不能随意进入。这两者的关键差别在于场址残留的放射性物质的水平。可见，退役场址的去污整治要求很严格，对于留用的设备与建筑物以及地面、道路、土壤、地面水、地下水和空气辐射水平，都必须去污到合格标准。对于运出去解控或者再循环/再利用的物料，更是必须去污到合格的水平，经过严格检测，确保社会公众的安全。对于要进行处置的废物要遵循废物最小化原则，去污之后可降低废物等级和降低处置要求者，则应尽可能去污处理。核设施退役的废物，原则上要求都运走撤清场地。废物的装桶和装箱，都要按规定进行，包装容器的表面剂量率及其表面污染水平都必须符合要求，外表面有污染者必须去污到合格水平，这些在退役验收时都是检查的内容。

核设施的退役，以核电站、后处理厂、铀浓缩厂退役废物量最大。国际统计指出，核电站退役的固体废物量，可能和其运行所产生的固体废物总量在同一个量级，退役废物管理所占退役总费用比例相当大，占 30%～50%，但大部分废物为轻微放射性污染，属低放废物和极低放废物，如废钢铁、废电缆、混凝土废物、污染土、建筑垃圾等，所以退役要把大力气花在废物的去污上，调查和安排好退役废物。

(1)退役产生的放射性废物主要是固体废物，如废钢铁、废电缆、污染工器具和设备，有的放射性污染较重，有的较轻，经过适当贮存衰变或去污之后可再利用，这既可节约资源，又可减轻废物处置的负担和压力。

(2)核设施退役会遇到一些超大、超重物件，如热室、废液贮槽、核电站压力容器，热交换器等，研判去污之后做切割解体装桶运出，或是整体吊出之后再做去污和切割解体。对于废液槽罐中废液和底泥需要先取走，去污到合格水平后才可做处置。

(3)核设施退役可能会遇到铍、镉、铬、铅、汞、砷等高毒性金属和石棉、多氯联苯等致癌性的废物，对这类废物的处理和处置，去污方案还要关注非放毒物，如进行分拣、分离，加强密封、隔离等措施。美国汉福特一个场址地下水和土壤放射性核素、四氯化碳及重金属三种毒物都超标，治理用了电化学法、热处理法和生物法，用流动蒸发装置回收 250 m^3 四氯化碳。美国哥伦比亚河汉福特河段的河水由反应堆导致铬污染严重，去污治理已耗费了巨大人力、物力和财力。

(4)核设施都有大烟囱，并且不止一个。几十米到上百米高的排风烟囱，对于里面放射性污染，难以进入进行去污，多以捣毁-检测-去污-废物处理/处置的模式拆除。烟囱定向爆破捣毁是个好办法，省时省力，少受辐照剂量。定向爆破捣毁要做以下充分准备：

①设计合适的爆破力；

②选好倾倒的方向；

③选好风向和风力；

④设置压制烟雾的措施,如用喷雾炮等,防止放射性污染物的扩散和造成大面积的交叉污染。

(5)核设施退役会产生大量的建筑物垃圾和污染土,应重视防止交叉污染,因为面多量大,一般先做网格检测,优选适当方法针对性去污,以减少需要最终处置的废物的体积。大型挖土作业时要防止尘土飞扬,采用由雾化喷嘴、高压泵和水箱组成的雾炮,向挖掘现场喷雾,防止放射性污染物扩散。

(6)核设施退役操作产生不少的擦拭物、废吸尘器、剥离膜废物和污染劳保用品,这类废物一般放射性不强,但成分复杂,含有机物,要严格检测和分拣,适当去污,分类妥善处理/处置,不要流入社会垃圾处理场,确保公众与环境安全。

11.2 退役去污的实施

1. 做好源项调查

由于污染放射性核素的种类和数量、污染的广度与深度,随核设施类型、大小、服役历史不同,而有很大差别,有的很严重,有的很轻微,所以要求做好放射性源项调查。对于源项调查要求重视以下几个方面:

(1)设备室、管廊和地下管道中放射性核素分布和剂量率。

(2)排风管道和输液管路内放射性物质积存量,放射性核素种类、形态、分布和活度。

(3)溶液槽罐内液体积存量,放射性核素种类、活度和状态(如沉积分层)。

(4)多数退役核设施不存有废液,但有些退役核设施存有高放、中放、低放多类废液,甚至还有有机废液,这些废液需要先处理,包括除去槽罐底部淤泥、残渣,之后才能对槽罐做去污处理。

(5)有的地方难以进入调查,要用长臂设备或用遥控设备,如用 γ 相机进行调查。

(6)由于探测技术和设备问题,可能会出现一些调查盲区或调查数据不可靠的情况。

存在这种情况时需要有应急措施,补充完善源项调查和去污工作:

固定放射性污染物防止交叉污染十分重要,可采用方法很多,如:喷涂可剥离膜,喷涂泡沫或糊膏,喷涂固定剂(如聚脲,聚氨酯)(图 11.1),用“雾炮”喷水雾形成雾云等。还有,在通风管道或地下管道上钻孔,然后注入泡沫剂,泡沫膨胀,填充通风管道或地下管道。切割时捕集尘埃物,抑制它们的扩散。在切割垂直管道时,可在离切口几英寸[①]位置钻孔,充泡沫剂。美国新开发一种固定污染材料,用于退役时管道切割,固定放射性污染物。这种固定污染材料是膨胀型聚氨酯泡沫物,喷涂后在管内部形成涂层或“塞子”。这种物质难燃烧,在高温火焰中成为一种“烧糊物”,起到包容和隔热作用,阻止气体扩散蔓延。这些固定

① 1 英寸=2.54 厘米。

污染的材料是将多元醇溶液+二异氰酸脂或三异氰酸酯溶液,注入膨胀石墨或硼酸锌等膨胀剂中制成。其有好黏附力、好耐热/防火性。在放射性污染管道中充聚氨酯泡沫后切割,防放射性污染物扩散非常好。

美国研制的一种固定剂 Nochar,有多种型号产品。第三代产品适用于固定放射性废物,如有机废液、污泥、废油和废离子交换树脂等。为应急处理小品种少量废物,不使其扩散污染,用 Nochar 固定装钢桶之后就可送去处置。Nochar 本身无毒无害,可焚烧,焚烧产生的灰量很少,不发生降解,固化时体积膨胀较小,操作简单。

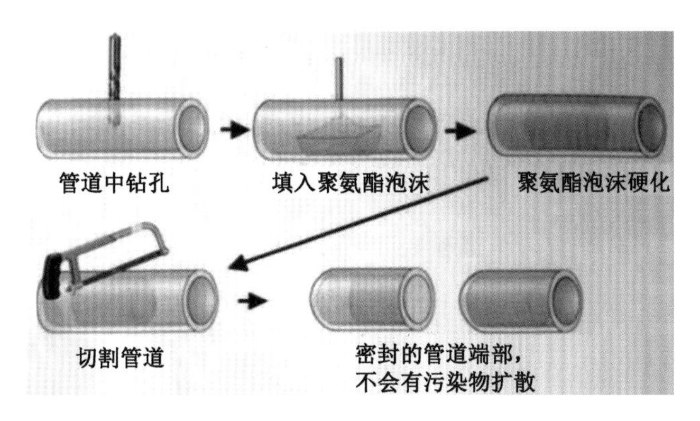

图 11.1　放射性污染管道中充聚氨酯泡沫后切割

Nochar Petro Bond 由多种高分子弹性聚合物组成,包括 5 种以上单体,这些单体是通过齐格勒-纳塔法共聚形成的聚合物。Nochar Acid Bond 由丙烯酰胺的共聚物和丙烯酸树脂组成。

2. 去污后的物料合理安全走向

退役核设施去污产生的物料,有的达到解控水平可无限制使用;有的可在核工业内部使用;有的达到极低放废物水平只需填埋处置,大大减少了送到低、中放废物处置场处置的废物的体积,减轻了废物处置的负担和压力,节省了退役费用。下述的法国经验,很值得借鉴:

(1)法国重视退役废物的处理与处置,早早采取了有效措施,例如:考量退役将产生大量的极低放废物,2002 年建造莫尔维利埃极低放废物填埋场,占地 45 公顷,可处置 75 万吨极低放废物。

(2)法国实施为退役服务的"未来投资"计划,开展多项废物再利用/再循环技术的研发。

①废混凝土再利用,用微波使水泥块脆化,分离出骨料,用于废物整备和废物处置场。已做公斤级小试和在做 100 kg/h 中试。

②废金属熔炼再循环/再利用。考虑退役产生的大量极低放废物中,废金属占 30%~50%,特别如核电厂蒸汽发生器和铀浓缩厂的退役。为马库尔核基地退役专建一座电弧炉废金属熔炼厂。

③污染电缆的再循环/再利用，废电缆约占退役产生的极低放废物质量的3%，体积的10%，废电缆剥去外皮，里面的铜和铝完全可再循环/再利用。法国估算，建造一座年处理200 t电缆的回收工厂就有不小的盈利。

11.3 退役去污的主要方法

退役去污可选用的方法很多，例如：

(1)大面积去污可选用高压射流去污，这要考虑磨料和水的循环复用。

(2)小面积污染不用水冲刷，改用布醮去污剂的擦除。

(3)金属设备的热点去污，避免打“消耗战”和“持久战”，优选切割或激光去污。

(4)厂房墙面和地面的去污，先划格编号，对探测出有污染的地方做针对性去污。

(5)对于大型部件，采用整体吊出，然后在去污室的气帐内切割去污。

(6)对场址的污染土分片、分层开挖，边开挖边监测，开挖的广度和深度恰当，既不遗留污染在场址上，造成放射性超标，又不增多污土送处置场。

(7)勤查空气过滤器的过滤效率，防止交叉污染，确保清污效果和工作人员与环境的安全。

(8)核电厂退役应高度重视优选去污方法，以获得高的去污速度和好的去污效果，参见表11.2。

表11.2 核电厂退役优选不同去污方法

去污对象	拆卸前去污				拆卸后去污			
	系统去污			设备去污	先处理	强去污		再处理
去污技术	络合剂和有机酸	无机酸	化学试剂磨料	高压水化学去污机械去污	高压喷射	电解去污	还原去污	超声波，漂洗
希望去污因子DF	>100			10~30	除去膜	10 000	10 000	除去残留物
希望去污速度	2 h/循环			10 h/单元	2 t/h	1 t/h	1 t/h	2 t/h
去污方法	还原去污，预氧化	HCl HNO_3	化学去污，磨料	高压水化学法机械法	氧化铝氧化锆玻璃珠干冰	大电解槽，移动电解智能化	硫酸铈 硝酸铈 0.4 mol/L Ce^{4+} 2 mol/L HNO_3 0.2 mol/L Ce^{4+} 1 mol/L H_2SO_4	超声波漂洗

11.4　核设施退役去污的重点和难点

核设施退役去污涉及的内容和范围十分广泛,可分为以下五个方面:

(1)系统去污,如反应堆回路系统、通风系统、供料系统、排放系统、管道输运系统、控制系统、监测系统、运输系统等。

(2)设备去污,如手套箱,热室,各种各样的筒、柱、槽、罐、机、炉、床、仪、表和器具。

(3)构筑物去污,如室内的地板、墙面、天花板,室外的墙面、屋顶、天桥,地下的管廊、井、穴、池、槽等。

(4)环境去污,如土壤、地表水、地下水、草地、林木等。

(5)人体污染去污,如体外污染、体内污染去污等。

下面对退役去污的重点和难点介绍于下。

11.4.1　热室的去污

热室是一种用重混凝土、铸铁和铅砖等构成的具有很厚屏蔽层的密封箱体,用于强放射性的操作和实验。热室里面保持一定的负压和换气次数,用机械手进行遥控操作。热室尺寸有大有小,根据需要设计制造。一般,乏燃料后处理和高放废液玻璃固化用的热室大,放射性水平高;放射性同位素制备和分装用的热室较小,放射性核素单一。退役热室的去污要依制定的规程进行。

(1)首先要摸清热室的历史情况,建造和使用年份,使用情况,操作过何种核素,最大活度,是否还存有废液和易裂变物质,操作过哪些有机物和危险物,有无发生过事故,照明、通风、小车通道是否正常,机械手是否可用,热室内负压水平如何,特别要查明窥视窗的密封情况。

(2)取出热室内的物件,包括拆除里面的台架设备,特别要重视取出内部尚存的废液和易裂变物质。

(3)检测热室内的放射性气溶胶和辐射剂量水平,包括热室四壁和顶部与底面污染水平,最好用γ相机做出3D图,确定热点位置。

(4)做出评价判断和处理计划,确定先去污后拆除,还是整体吊出后再做去污处理。

热室的去污宜用高压射流和可剥离膜去污技术。高压喷射带化学药剂的热水或喷射磨料,或喷射干冰等。高压射流喷射物尽可能循环利用,减少二次废物。喷干砂产生尘埃多,少用或不用。“热点”去污宜选用激光去污法,使“热点”得以先解决。

美国汉福特核基地的五个热室退役用CORPEX法去污。CORPEX是一种方便操作、水基、接近中性的强有机络合剂,能同许多金属生成配位化合物和溶解它们,适用较宽温度和

pH 范围,汉福特核基地采用低压喷射 CORPEX 对热室去污安全性好,受照剂量比高压喷射去污减少一半,并且产生的废水量少。

汉福特核基地将大型热室整体吊出,往热室里充可膨胀的泡沫,加固结构后整体提起,装到特殊箱体中。拆除 6 块大型铅玻璃屏蔽窗时,先将矿物油排出,在屏蔽窗的热侧和冷侧安装防护木板,以防拆卸时打散,取下后单块包装,装箱。在操作过程中用喷雾和抑尘添加剂,控制污染气体的扩散。

11.4.2 高放废液槽罐的去污

核燃料循环设施中使用的槽罐很多,如供料槽、配料槽、混合槽、缓冲槽、进料槽、沉淀槽、洗涤槽、出料槽等。废液槽罐分为低放废液罐、中放废液罐、高放废液罐、有机废液罐、特种废液罐、泥浆废液罐等,他们的形状、大小、材质、结构很不一样。一般来说,核燃料循环前处理设施的槽罐装容的放射性核素相对单一,活度较低。后处理设施的槽罐装容的放射性核素众多,成分复杂,放射性水平高;很多置于地下设备室中,底部可能有泥浆、残渣等沉淀物,去污和清洗难度大。

槽罐去污的主要规程为:

(1)首先要摸清槽罐的历史情况,材质(碳钢或不锈钢)和建造、使用时间,所装废液的类别与酸碱度,所含核素和活度,是否存在易裂变物质和有机物(如 TBP/煤油,萃取剂和其他有机溶剂),有无发生过泄漏事故,现在有无废液,底部有无泥浆、残渣沉淀物等。

(2)检查输送泵、照明、通风是否正常,是否能够使用。

(3)泵送出槽罐中的废液后,取出底部泥浆和残渣物是艰巨的任务。取出底部泥浆和残渣物可用水力冲洗、化学溶解和专门设计的刮刨工具。美国汉福特和萨凡纳河研发和使用过多种专利机具,疏松和括掉底部沉积物,然后真空抽吸除去,有很好的效果。

(4)罐壁去污常用喷淋法,喷淋液在罐壁上的布液情况对去污效果有重要影响。要保证布液幅面大和作用时间长。

(5)槽罐中最好安装监视系统,进行可视化监测,及时掌握喷淋效果,遥控喷淋器,适时调整喷射角度和喷射压力。有的槽罐是方形或长方形,有的槽罐内有搅拌器等物,结构复杂,要考虑喷射作用的死角。要进行模拟操作演练和培训。

(6)要优选喷淋液配方、喷淋液的温度和流量对去污效果影响大,要进行模拟试验。

(7)对于不同槽罐,同一去污方案去污效果会有差别,要做科学分析,及时调整方案和改进方法,以求效-价比不断提高。

(8)有机废液有易燃或可燃特性,易辐射分解和自热分解,产生易燃或易爆物及发生过压而导致容器破碎。有机废液不能排入江、湖、河、海和注入地下,不能混入废水处理,要做专门的处理/处置,不宜久存久放,退役对其要做重点关注。

1. 高放废液槽罐的去污治理

高放废液贮罐的安全、经济处置是存有高放废液国家关注的热点问题。美国是拥有高放废液最早和最多的国家。美国有近 300 个高放废液贮罐，贮存过超过 39 万 m^3 的高放废液，主要位于汉福特、萨凡纳河、爱达荷等核基地的设施中（表 11.3）。

表 11.3　美国三大军工核基地高放废液贮罐

汉福特 美国西北部华盛顿州	萨凡纳河 美国东南部南卡罗来纳州	爱达荷 美国西北部爱达荷州
9 座大型石墨重水堆 已退役至剩下堆本体，封存在原地，等特几十年后移走处置	5 座大型石墨重水堆 已在退役，产氚堆仍维持	研发核潜艇，核航母动力堆的各种反应堆，反应堆较小，多样化，研究项目周期短
5 座后处理厂 正在退役中	2 座后处理厂（产钚和产氚） 产钚正在退役中，产氚仍维持	研发核潜艇，核航母动力堆的各种乏燃料及其后处理
177 个高放废液大罐，23 万 m^3 HLW 进行分离，高放用两电熔炉玻璃固化后深地质处置，低放用两电熔炉玻璃固化后就地处置，超铀废物送 WIPP	51 个高放废液大罐，12.6 万 m^3 HLW 进行分离，高放电熔炉玻璃固化深地质处置，低放盐石固化就地处置，超铀废物送 WIPP	11 个高放废液大罐，3.4 万 m^3 HLW，已清洗罐并用水泥浆填充。5 000 m^3 煅烧物用高温等静压技术重做处理
汉福特哥伦比亚河河水与河滨土壤中铬和汞污染正在治理，花费也不少		

2. 高放废液贮罐潜在安全风险大

高放废液贮罐最受人们重视，是因为高放废液有诸多特殊危险性，如：放射性强；毒性大；含很长半衰期的核素；发热率高；腐蚀性大；等。贮罐的安全风险除泄漏外，还有燃爆风险，贮槽中含有硝酸盐和可能夹带着少量有机物，这些硝酸盐和有机物在强辐解作用下会产生氢、甲烷等燃爆性物质，在适当的条件下会发生爆炸。苏联南乌拉尔基斯迪姆 Kyshtym 高放废液贮罐爆炸事故是血的教训。

1957 年 9 月 29 日，基斯迪姆高放废液贮罐发生爆炸事故，基斯迪姆的一个混凝土水冷高放废液贮存大罐，存放着 1×10^{18} Bq 放射性物质，含有硝酸盐与醋酸盐混合物。由于监测设备的缺陷和贮罐受腐蚀，冷却系统失控，温度升高，水蒸发，沉淀物蒸干，温度达 330～350 ℃，引起爆炸。威力相当于 70～100 t TNT 炸药，污染面积 15 000～23 000 km^2，撤出居民 27 000 人。撤出居民所受集体剂量约为 1 300 人·Sv，留下居民所受集体剂量约为 1 200 人·Sv，公众个人最大受照剂量 0.52 Sv。这是仅次于切尔诺贝利核电站事故的严重事故。按照国际核事件分级，属于 6 级重大事故。因此，高放废液贮罐的安全问题不容忽视。

美国最早的贮罐建于 20 世纪 40 年代初，大量接收高放废液的时间为 20 世纪六七十年代，服役时间大部分超过 40 年。贮罐超期服役，构成对环境安全的重大威胁。汉福特第一次出现单壁罐泄漏是在 1961 年，到 90 年代中期，已有 67 个单壁罐泄漏。后来建了一批双壁罐，将高放废液从单壁罐向双壁罐转移。

高放废液贮罐对环境的安全威胁主要是污染地下水和周围环境及大气。造成污染危害的物质有两大类：一类是长寿命和易迁移的核素，如^{239}Pu、^{238}U、^{99}Tc、^{14}C、^{129}I、^{79}Se、^{90}Sr、^{137}Cs 等；另一类是致癌化学物质，如亚硝酸盐和重金属铬等。美国汉福特高放废液贮罐中主要核素是^{90}Sr 和^{137}Cs，长寿命核素主要为^{99}Tc、^{129}I 和钚核素。

服役多年的高放废液贮槽，底部往往会出现氢氧化物或水合氢氧化物、碳酸盐等类沉积物，有的呈盐饼。这种沉积物由上到下大致可分为三层：悬浮液层，松散固相沉淀物层，板结固相沉淀物层。沉积物中含有较多的放射性核素，除^{90}Sr、^{137}Cs 外，往往含有较多的 α 放射性核素。

3. 整治任务艰巨

高放废液贮罐的清污整治通常可分为 4 步：

(1) 倒出高放废液；

(2) 除去罐底淤泥和沉积物；

(3) 清洗排空的贮罐；

(4) 排空和准备废弃的贮罐的最终处置。

(1) 倒出高放废液

美国为减少超期服役的汉福特单壁贮罐泄漏对环境安全的重大威胁和对哥伦比亚河危害，能源部(DOE)拨出巨款建双壁新罐，要求尽可能早转移出有安全隐患的贮罐中的高放废液。汉福特单壁贮罐是内衬碳钢的混凝土罐，贮罐中的高放废液已用 NaOH 调制成碱性，经过长期贮存，有的呈黏稠糊状，从贮罐内完全取出难度很大，倒罐任务艰巨，费用甚大。

美国橡树岭为倒罐设计了一套遥控操作的冲洗和泵送系统，通过可延伸的喷嘴，将高压射流喷到贮罐的所有地方，用遥控操作的离心容积式潜水泵打循环，使贮罐内泥浆悬浮起来，均匀化成为可输送的状态，输送到外面新设置的贮罐中。此操作通过编程控制器进行，人-机接口软件系统和传感器与录像机提供实时信息。罐内装录像机，监视冲洗、打循环和泵送的情况。

美国能源部 DOE 和加拿大原子能有限公司 AECL 的总结报告认为，英国和俄罗斯开发的滑板脉冲喷射器特别适用回取出泥浆物，因为滑板脉冲喷射器在罐内反复“吸和吹”，使废物均匀化，容易使废液和泥浆一起泵送出来。

贮罐内泵出的高放废液，有的可能送到新贮罐继续贮存，有的可能具备条件作处理。

美国汉福特和萨凡纳河现在都建了分离和处理工厂,将高放废液分离为高放废物和低放废物两部分(美国废物分类没有中放废物),汉福特分送不同电熔炉进行玻璃固化;萨凡那河对低放废物进行盐石固化,对高放废物进行玻璃固化,然后高放固化体和低放固化体分别做深地质处置和近地表处置。爱达荷的煅烧物是固体粉末,尚不能处置,拟用高温等静压技术将煅烧物做固化处理后才送去处置。

(2)取出贮罐底部的淤泥和沉积物

贮罐底部淤泥和沉积物的取出,难度非常大,原因在于:

①辐射水平高;

②化学成分复杂;

③贮罐内设有冷却管等物,影响回取操作;

④难以取得有代表性的样品,底部沉积物的性状难以准确判定;

⑤各个贮罐所贮存废液的组成、酸碱度、放射性活度、贮存时间等有差异,因为底部情况有较大差别,要具体分析区别对待。

汉福特为了去除贮罐中沉积物,对盐饼进行溶解处理,注水让其浸泡数天到数周。但是这种浸泡对泥浆物作用很小。注水溶解盐饼注水量需要科学计算,不能使需要转移出来和后续处理的废液增加太多。用草酸、硝酸、络合剂和氧化剂等溶解罐底物以除去核素的研究结果显示:草酸可以将铁氧化物络合形成可溶性络合物,使底部的沉积物溶解而去除;硝酸也可使底物溶解,比草酸产生的二次废物少。萨凡纳河采用了草酸溶解氢氧化物和氧化物。

汉福特为去除罐底泥浆固结物,开发了一种遥控水枪装置,这是用高强度轻质材料制造的多关节长机械臂,可插进罐内。机械臂头上装超高压(240~480 MPa)水枪喷头,可自由向各方转动,搅动罐底的固结物。搅散的沉积物由长机械臂上安装的真空系统抽取出来。抽出的水和固态物经过分离器分离,水返回利用。汉福特曾发生过淤泥泵失效、过滤网堵塞等问题,可见泵吸入口处滤网孔径的大小很重要。在回取厚层泥浆废物时,使用可调高度的泵在槽内上下移动,可减少泵的堵塞问题。

萨凡纳河贮罐底部的淤泥用高压射流驱动机器小鼠进行清除。机器小鼠呈长方形,面积约 0.1 m^2,机器小鼠在贮罐底行走破碎贮罐底沉淀的泥浆。机器小鼠喷出的高压水可以清洗贮罐,然后用泵将洗下的废物抽出贮罐外,所有清洗都用远距离控制系统进行操作。萨凡纳河工程承包商科罗拉多州 TMR 公司将一种名叫“砂螳螂”(Sand Mantis)的装置从贮罐顶部小口放进贮罐中。“砂螳螂”装有用蓝宝石制造的高压喷射口,高压射流将贮罐底沉积物打散后转移到研磨机中,研磨机将其研磨成小颗粒,然后从贮槽中抽取出来。

橡树岭实验室针对贮罐底物的取样开发了一种气动开合的河蚌式取样器。取样时,将取样器置于贮罐底部的沉积物上,先通过气动活塞打开取样器的两个半壳,合上两个半壳时沉积物就被收集在其中。

(3)清洗排空的贮罐

高放废液贮罐内部结构复杂,据橡树岭核基地的经验,大部分贮罐的内壁及管道覆盖着一层白色淤泥物,罐内冷却套管也附着淤泥物。用旋转射流喷头喷射冲洗,绝大部分淤泥物能够冲刷下来。橡树岭清洗贮罐采用俄罗斯开发的脉动泵,该脉动泵由射流泵系统、搅拌泵和输送泵组成,可搅动和回取槽中淤积物。它可在贮罐内不同高度有效搅动废物,不会有较多液体引进贮罐,并可以在较小型的贮罐内工作。

(4)排空和准备废弃的贮罐的最终处置

对排空和准备废弃的贮罐,现提出以下4种处置办法:

①排空贮罐,清洗干净,将贮罐和其附属设备以及污染土全部挖出,做放射性废物处置。

②排空贮罐,清洗干净,爆炸破碎,取走全部碎块,送去处置。

③排空贮罐,清洗后在贮罐中注入水泥砂浆,在原地处置和监控。

④排空贮罐,清洗后把相连管道、阀门同周围污染土壤装入罐中,插入电极,就地玻璃固化。

上面4种办法,因第一种办法和第二种办法相近,归结为3套方案,现将3套方案的优缺点比较列于表11.4。

表11.4 倒空废液槽罐处置方案比较

方案	方案1	方案2	方案3
技术路线	倒空槽罐,把槽罐和相连管道、阀门、周围污土挖出,做放射性废物处置	倒空槽罐,把相连管道、阀门同周围污土装入罐中,注入水泥浆,固定处置在原地	倒空槽罐,把相连管道、阀门同周围污土装入罐中,插入电极就地玻璃固化
优缺点	总费用最高,操作难度最大,费工多,工作人员受照大,未实施过。对原地区无环境影响,场址可允许开放使用	总费用低,操作最易,容易实现,已经实施过,工作人员受照较小。场址可能有远期影响	总费用比较高,耗电量大,技术要求高,工作人员受照小。场址远期环境影响小

美国能源部DOE前副秘书长Christine在一份报告中指出,贮罐解体拆除与贮罐就地处置相比,前者对操作人员的风险高10倍,退役费用多500亿美元,退役时间延长数十年。现在美国是优先用原地灌浆处置方案。汉福特、萨凡纳河、爱达荷、橡树岭都采用原地灌浆处置。

汉福特场址对排空的高放废液贮罐进行浇注的步骤为:

第一步:浇注30~90 cm厚水泥砂浆,要求浇注的水泥砂浆自由流动性好,可达到和覆盖贮罐的整个底面;

第二步:浇注水泥砂浆,填充贮罐的大部分空间;

第三步:浇注强度大的混凝土,充满贮罐上部的剩余空间。

萨凡纳河高放废液罐倒空之后,往里灌注水泥浆,首先浇一薄层水泥浆,主要用来固结底部残留液中放射性核素。然后浇灌进还原性水泥浆,当水泥浆灌到离槽顶约1m后,灌浇混凝土填满其余空间。贮罐所有开口都用极高强度的水泥加以封堵,最后加设多层结构保护顶盖层和植被。所用的水泥浆是低透水性、易流动、抗泄漏的水泥砂浆(高 pH,低 Eh,含粉煤灰降水化热),主要组成为:波特兰水泥、矿渣、飞灰、砂子、砾石等。一个贮罐的灌浆和封堵工作约需 90 d。萨凡纳河对 17 号和 20 号两个贮罐的灌浆封堵花费约 500 万美元,包括材料费、劳务费、研究费、检验费等。

爱达荷高放废液罐灌浆之前先进行清洗,槽底仅留少量残液,所灌浆液为由水、水泥和沙子组成的水泥砂浆,由运输卡车运输,泵送到浇注设备,浇注设备与气帐内的贮槽口连接在一起,上有气帐防止污染物向外扩散。最后对贮罐拱顶和地下室灌浆,填充所有相关管道和辅助设备(图 11.2)。图 11.2 所示的处置设计中,自上而下共 9 层,分别为:表面植被,栽耐久草;第 1 层,带有细砾掺和物的粉砂壤土表层;第 2 层,夯实的粉砂壤土表层;第 3 层,砂过滤层;第 4 层,砾石过滤层;第 5 层,侧面排水层;第 6 层,低渗透性沥青层;第 7 层,沥青基层;第 8 层,分级填充层。

方案三就地玻璃固化是插入地下一对或数对电极,待通电之后使两极之间土壤熔融,电极下伸,熔融区扩大。断电之后,熔融区凝固为独石体。国际经验表明,此工艺对就地处置地下重污染土和就地埋置废弃的大罐都有应用前景。美国用此法处置了多处被化学毒物污染的地下土壤;英国用此法对在澳大利亚核爆试验造成的污染场址做了安全处置。

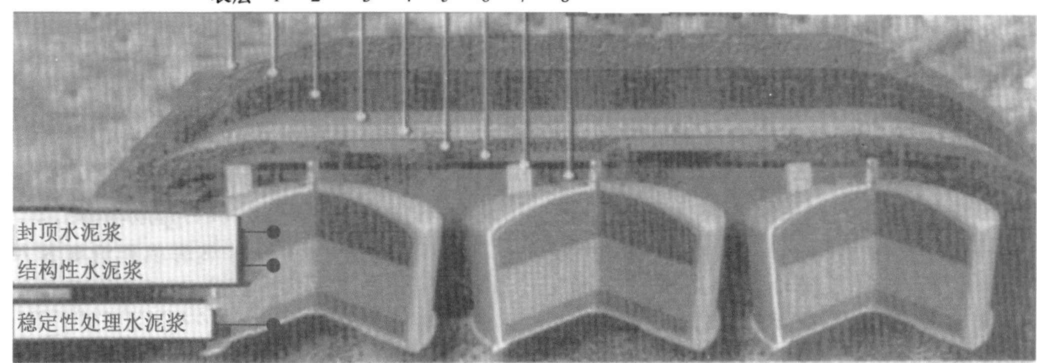

图 11.2　高放废液贮罐原地灌浆处置概念设计图

4. 高放废液贮罐去污治理须关注的要则

(1)高放废液贮罐源项调查内容多,要求高,难度大,需要做好以下调查

①贮罐内废物情况,如废液量、核素类型、活度浓度、酸碱度、重要非放无机盐类,有无有机废液;

②贮罐内废物分层情况、底部有何种类型沉积物,有无饼块状、结晶状或淤泥类沉积物;

③贮罐材质、形状、尺寸和镀层,建造和使用历史,腐蚀情况;

④贮罐内有何部件,如内置搅拌器、鼓泡器和泵等物;

⑤进排风情况,气溶胶水平,γ 辐射强度,照明情况等。

(2)清除贮罐底部的淤泥和沉积物十分艰难,花费高昂

美国汉福特已倒的 7 个贮罐中,倒一个贮罐花费 1 000 万~1.43 亿美元。从贮罐中回取下部废液的费用所占比例非常大,取出罐内剩下的 15%废液的费用和回取前面 85%废液的费用相当;取出最后 1%废液的费用是取出前面 99%废液平均费用的 7~16 倍;取出罐底最后残存的 30 L 废液,花费 3.5 万~8.4 万美元。这一例子足见倒罐的费-效比相差极大,特别是排清罐底的废液很难,花费很大。不管废液贮罐将来用何种方法处置,废液倒罐要尽可能把贮罐底部的废液排清,把沉积物搅动和抽取出来,虽然这任务很艰巨,但这是不可避免的,早做比留待以后去做省力和省钱。

(3)原地处置废罐必须环保达标

有人质疑:高放废液贮罐如果没有清洗干净,残留在贮罐内的废物高于近地表处置场标准,是否会形成现实中的高放废物填埋场,播下新的隐患种子。美国对高放废液贮罐的原地灌浆处置很重视,已经做了多年努力,花费了高昂的代价,取得了许多值得借鉴的经验,美国能源部正在做环境影响评价,研究认为,对倒空贮罐灌浆就地处置,首先必须监测贮罐中废液倒空到什么水平,清洗到什么程度,评估贮罐处置在原地的长期环境影响。提出浇注体应满足以下要求:水泥砂浆应有较高的 pH(pH=12 较好)和还原性;水泥砂浆应很好地输入槽罐,充满槽底及周边;水化热不造成过高升温导致水汽化,产生裂缝和多孔;浇注体不分层、泌水量少、浸出率低、抗压强度高(>3.4 MPa)、抗冻融性好。水泥砂浆浇注,应在冷试成功以后,经批准实施。

(4)高放废液贮罐清污治理必须做好安全防护

高放废液贮罐的倒罐和清洗都在高水平气溶胶与强辐射环境中进行,需要远距离操作,必须重视培训工作、严格操作规程和辐射防护,并应做好应急预案,以防事故发生。美国汉福特场址出现倒罐泵故障,发生高放废液溢出事故,使人员受辐照和延误工期,造成颇大经济损失,这是值得重视的教训。

11.5 放射性污染混凝土的去污

混凝土本身会老化,受热、辐射和应力作用则会加速老化,钢筋的锈蚀也会促进老化。混凝土具有多孔性,不完全致密,有许多肉眼看不到的小孔,老化后产生微孔和裂纹,强化了放射性核素的渗透和活化作用,加大混凝土的放射性污染程度。核设施退役混凝土废物量十分庞大,去污成为繁重的任务。若混凝土表面有环氧树脂涂层或不锈钢覆面,若未遭破坏,放射性核素渗入浅,则去污就比较容易。若把污染混凝土体都简单破碎当作放射性废物处置,不符合废物最小化原则,在废物处置场容积紧缺情况下,更不允许这样做,所以提倡对放射性污染混凝土进行去污处理。

11.5.1　放射性污染混凝土的特点

核设施放射性污染混凝土有以下特点：

(1)核设施构筑物和屏蔽体,有的是特种水泥和钢筋做成的加强混凝土,厚度达几米,如反应堆安全壳,高荷载的基底等；

(2)混凝土老化程度不同,有的光滑完整,有的表面多裂缝、多垢物,实施去污的难易程度不同；

(3)有的污染核素向内渗透仅 2~3 mm,有的达数厘米,甚至更深,去污工作量不同；

(4)待去污混凝土体有的方便人员接近,有的在高处,有的在强辐射场的深地下室,去污操作难易程度不同。

11.5.2　放射性污染混凝土的去污方法

放射性污染混凝土的去污首先要做调查,弄清污染核素种类、污染程度和污染深度。由于混凝土的多孔性,用通常方法一般难以实现混凝土的深部去污。对厚壁混凝土生物屏蔽体去污,可先用钻孔取样,测定放射性污染深度,确定去污要达到的程度。

(1)机械去污

混凝土通常用物理法去污。现在已开发了许多混凝土去污的机械设备,其基本设计思想是用机械法(琢、凿、磨、刨、削、铣)和局部高温(微波、激光、热喷枪)配合有控制地破坏污染层,同时捕集所产生的粉尘、尘埃和气溶胶,收集所产生的破碎物。

混凝土表面去污已开发不少工具,如:一种叫耙土机的工具,对去除混凝土表面涂层和积存的污物很有效。一种叫针剥落机的工具,配有 2 mm、3 mm、4 mm 的针束,往复运动时把混凝土表面去掉一层,并随时收集剥落过程产生的粉尘和碎屑。还有粗凿机,装有几个电动或气动活塞头,用其冲击混凝土或抹灰墙的表面污染层,最多可去掉 25 mm 厚度,同时能有效地除去所产生的尘埃和散片。对于较低污染程度的混凝土,常用气动粗琢器,或者用手动或自动刨削机,所产生的粉尘用真空泵和脉冲空气过滤器去除;对于深部污染的混凝土,可用小型电动锤击机,跟随真空吸尘器吸尘和绝对过滤器过滤。

混凝土刨削机头更换成旋转金刚石圆盘,效果更好,震动小,二次废物少。对于污染深度 0.013~1.3 cm 混凝土,金刚石混凝土刨刀与压空粗琢器相比,速度提高 5 倍,费用节省 67%。地面刨削机去污效率是地面粗琢机的 3 倍,而且震动小,操作人员劳动强度低。刨削机装置钻石旋转切割头,能将螺钉和其他金属物品切断,可以得到光滑的切面,较容易进行放射性测量和去污后表面再涂漆。混凝土表面去污革新和创新屡有报道,新技术和新设备与日俱增,要加强调研,选用效-价比高的新技术。表 11.5 列出了几种混凝土机械去污法的比较。

表 11.5　混凝土机械去污法比较

方法	混凝土厚度	可行性	设备费用
控制爆破	>0.6 m	非常好	多
空气和液压撞击机	<0.6 m	好	少
火焰切割	<1.5 m	较好	少
热喷枪	≤0.9 m	较差	少
岩石劈裂机	≤3.6 m	好	少
墙壁和地面锯	≤0.9 m	好	少
混凝土路面破碎机	≤25 mm	好	少
钻孔和剥离	≤50 mm	非常好	少
布雷斯塔剥离器	≤30 cm	较好	少
打磨	≤6 mm	较差	少
水枪	≤50 mm	较差	多

比利时欧化公司中试厂退役对于混凝土去污,取得以下经验:地面和墙面用手持自动刨削机,去污速率 4~6 m^2/h,配有真空吸尘器,抽吸量为 1 000 m^3/h,并配有绝对过滤器(2 500 m^3/h)。刨削机头上装可快速更换的金刚石旋转圆盘,效果好,震动力小,二次废物少。实践发现,对污染较深的混凝土,用小型电动液压锤击机效果更好。

美国橡树岭气体扩散厂退役有 500 万 $ft^2$① 的混凝土地面要去污,为这样特大面积的混凝土地面的去污,专门设计了一种先进的 BOBEAT 铲车,上面装一套切刨系统,尾随一辆装 HEPA 过滤器的拖车,每天能对 1 万 ft^2 地面铲除 6.4 mm 厚度,实现混凝土地面的高效去污。

(2)微波去污

微波去污是通过微波对混凝土表层加热,导致 1~2 cm 深的混凝土表层中的结合水汽化产生内压,该内压与微波迅速加热产生的热应力一起发挥作用,使放射性污染的混凝土表面层破坏,形成的碎屑或粉末,由跟随的真空系统收集。如果表面层涂有油漆,水分含量不小于 1%,微波技术对油漆混凝土同样有好的去污作用,但是这种设备比较大,正在研究改进。

(3)生物去污法

英国 BNFL 公司和美国 INEFL 公司联合开发,用硫杆菌进行混凝土生物去污。把硫杆菌和培养液喷到待去污的混凝土墙壁表面,维持细菌的降解作用,然后处理表面的降解物质,获得较好的去污效果。

生物净化去污可深入混凝土表面 2~4 mm。比机械磨削或刮刨省力,尘土产生不多,二次废物少,工作人员受照剂量小,但该法所需时间较长。对于污染程度大和净化要求高的项目,去污时间可能要几个月甚至更长。

---

① $1\ ft^2 = 9.290\ 304 \times 10^{-2}\ m^2$。

11.5.3　污染混凝土去污后再利用

核设施退役产生的混凝土废物很多，尤其如反应堆和后处理厂，厚屏蔽构筑物（如反应堆安全壳）拆毁会产生大量混凝土废物。许多厚屏蔽构筑物只是表面有不同程度放射性污染，去污之后可以被再利用。许多国家进行了研发，法国正在组织力量研发，日本开发的一种混凝土废物再生工艺如图 11.3。其工艺过程是：碎砾混凝土→通入热空气到加热器中，加热到 300 ℃→进入第一研磨床研磨→进入第二研磨床研磨→过筛分离→粗粒作为建材的粗骨料用，细粉作为建材的细骨料用。

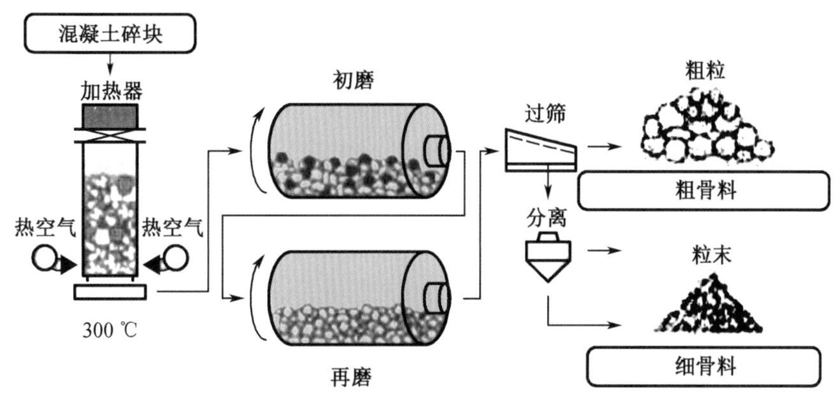

图 11.3　混凝土废物再生工艺图

美国得克萨斯州的潘特克斯工厂设计制造了一套遥控的钢筋混凝土粉碎机组合的一台磁力传送装置，用于现场粉碎混凝土。混凝土粉碎机在混凝土拆毁开凿机后面工作，拆下的混凝土块直接进入粉碎机里粉碎，避免现场堆积。传送带装置上设有磁力分离器，分出粉碎了的混凝土中金属钢筋物，装桶后送去检测和再利用；粉碎了的混凝土通过传送带装桶运走，检测后送建设公路用。这设备和技术不仅大大减少了混凝土废物，实现了废混凝土及其钢筋的再利用，还节省了许多人力和运输资源。这套装置特别适用于内壁放射性核素污染已经清除的厚壁生物屏蔽体和厚壁构筑物的废旧钢筋混凝土墙壁的去污和拆毁。

11.5.4　污染土的去污

核设施由于核事故、废液输送管道泄漏、废液误排放等各种原因，可能造成周围土壤放射性污染，放射性核素进一步迁移、扩散、渗透到周围环境中（土壤、地下水），对生态环境和人类健康造成危害。退役时应采取措施清除这些污染，做环境整治。环境整治包括放射性污染的整治和非放射性污染的整治，还包括地貌修复、植被绿化等内容。

1. 污染土去污要则

（1）首先要做好源项调查，因为面积大，费工费时，一般采取网格式检测，广度和深度合理监控,掌握污染核素种类和比活度。

(2)挖出的污染土多数属极低放,少数属低放。污染土处理方法的选择:覆盖法(覆盖干净土)和深翻法(翻到下面去)基本上没有去除污染土,不宜采用;生物去污法依靠植物吸收和微生物去污,需要较长时间见效,对退役去污不太适用;退役污染土去污宜用挖土法,该挖则挖,挖土伴随监测,不遗漏污染土在原地,也不白费工、费钱去挖好土。

(3)污染土经过去污处理,大多数可填埋处置或解控。处理方法有清洗、热解吸、磁分离等。美国布鲁克海文实验室试验污染土去污的费用,比挖掘后直接处置的费用降低近1/3。污染土的清洗去污不是用大量水去冲洗,而是针对污染土中所含核素配制解吸剂,需建立一套装置,需要考虑二次废物问题。热解吸适于含有机物和易挥发性核素的污染土的去污。磁分离适于含铁、钴、镍类核素的污染土的去污。

2. 污染土去污方法

放射性污染土的去污,国内外已开发出多种技术,如物理法去污、化学法去污、生物法去污和联合法去污等。简要分述如下:

(1)物理法

①把污染土挖出(排土法),送处置场掩埋;用干净土覆盖(客土法),或用翻土法均匀化(深耕法),使场址土壤放射性水平不超标。

②对污染土壤做热处理,驱出挥发性、半挥发性物质(如四氯化碳、三氯甲烷和汞等)。

(2)化学法

①清洗土壤,用去污剂和(或)络合剂清洗掉放射性和其他有毒、有害物质。

②对污染土壤进行清洗、溶解、过滤、萃取或离子交换,除去放射性和有毒、有害物质。

③就地玻璃固化法。

下面介绍清洗土壤的研发应用:

土壤清洗主要采用水洗或添加化学清洗试剂,将土壤中的各级粒径的放射性核素去除掉,使被去污的土壤达到回填的要求。土壤清洗最基本的是水洗,必要时添加去污剂,如:柠檬酸、EDTA、草酸、硫酸钠、硝酸等。清洗液再生循环使用,产生的泥浆废物做固化处理。

美国汉福特在1995年进行的现场去污验证试验,三天处理了101.1 t的污染土壤(主要污染核素为^{137}Cs、^{152}Eu、^{60}Co)。研究结果表明,大约85.4%的土壤可以回填到挖掘处;其中^{137}Cs核素降低率70.6%,^{152}Eu核素降低率87.5%,^{60}Co核素降低率83.2%。美国橡树岭在1990年对含有铀和汞的淤泥沉淀土壤进行去污,采用含有弱有机酸及钠盐溶液(乙酸和柠檬酸)和氧化剂(过氧化氢和次氯酸钠)洗净剂,试验结果表明,用次氯酸钠溶液清洗,对铀和汞的去污率达到80%以上。

中国原子能科学研究院放射化学研究所对极低放污染土壤的清洗做了研究,利用物理筛分、研磨清洗将污染土壤分离,利用去污剂将污染核素溶解、络合至去污液中,使污染土壤的污染水平降低,大部分能够达到解控水平。设计工艺装置包括加料、计量和传输、湿筛、螺旋分离、研磨清洗、澄清、脱水、过程测量与控制等环节。选用聚丙烯酰胺系(PAM)絮凝剂对去污废液、清洗后泥浆进行絮凝沉淀。

污染土清洗处理工艺流程如图 11.4，所用的研磨清洗去污装置如图 11.5，双板筛装置如图 11.6。去污废液中和后，蒸发浓缩至放射性比活度>10^5Bq/L 进行水泥固化。此装置对 0.1～10 Bq/g ^{137}Cs、^{60}Co 以及 1～100 Bq/g ^{90}Sr 的极低放污染土壤，清洗去污后的污染水平分别降至小于 0.1 Bq/g 以及 1 Bq/g，70%的污染土壤达到清洁解控水平。

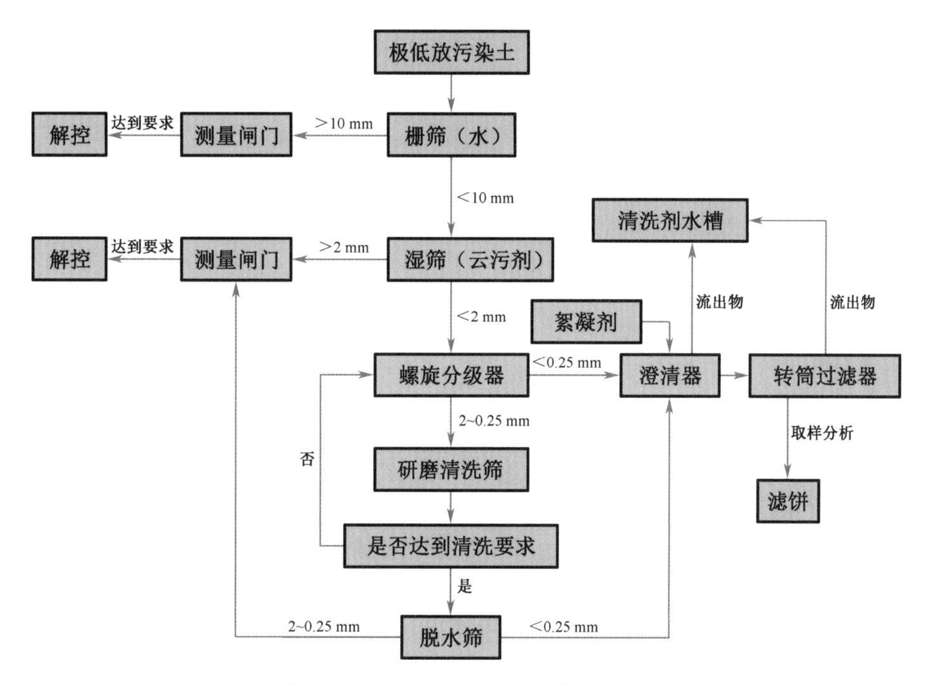

图 11.4　土壤清洗处理工艺流程图

图 11.5　研磨清洗去污装置图

图 11.6　双板筛装置图

(3)生物法

生物法主要有以下三种方法:

①种植有吸收或固结放射性核素和其他有毒、有害物质作用的植物。

②用微生物作用解析土壤中放射性核素和其他有毒、有害物质。

③在污染土壤上种植一种易吸收目标核素的草皮,提供其较好水分和养分条件,使其较快生长,把污染核素吸收进植草的根中。一年后,把草皮连根去除,使污染土壤得到净化。适用于天然铀污染的场址。也有较多二次废物,但运作省工省钱。

生物法要优选植物和微生物品种:

①生物法选用的植物的根、茎、叶或果中,固集了放射性物质,要安全监控和管理。容易被人们误拿去食用的植物,可能扩大污染和带来危害后果。

②选用生长快、短周期的植物品种,这类品种具有单位面积吸收和积累铀作用大的优点,但要防止产生大量含放射性的二次废物,要做进一步处理。

③选择的微生物要经济和无其他副作用。美国新墨西哥大学开发的治理铀污染的地下水的方法,将微生物注入污染水体,微生物把易溶的六价铀转化成难溶的四价铀沉淀,降低水中铀浓度。

④生物法现研发用转基因技术培育耐辐射、超固集铀转基因菌,是好的发展方向。

(4)联合法

①物理-化学法,用物理法分离再化学稳定。

②化学-生物法,让植物吸收络合剂;喷洒络合剂后用微生物解析。

3. 污染土去污新技术研发

土壤清污技术受到重视,下面介绍 2 种开发的新技术:

(1)磁分离技术

磁性材料吸附剂加进土壤液流中,吸附土壤中污染的铁磁性核素。铁磁性或顺磁性的颗粒通过设备的铁磁性栅格时被从泥浆中吸附出来，磁场关闭时，吸附出的污染的铁磁性核素的微粒从栅格中被冲洗出来。试验结果表明，大于95%的沾污铁磁性核素可以从土壤被去除。

磁分离技术的优点是可将土壤中污染的铁磁性核素大部分除去，二次废物少，磁性材料可再循环使用，废物减容比大。

（2）就地玻璃固化

就地玻璃固化是插入地下一对或数对电极，待通电之后使两极之间土壤熔融，电极下伸熔融区扩大。断电之后，熔融区凝固为独石体。电极加热释出的气体收集在气帐中的过滤器中，经过过滤检测，合格后排放进入大气。就地玻璃固化示意图如图11.7所示。其工艺参数如下：

①熔融温度1 400~2 000 ℃；

②熔融速度3~6 t土壤/h；

③用电量0.7~0.8 (kW·h)/t土壤，电力供应4~5 MW；

④处理范围深7 m，宽18 m；

⑤耗能3.2~4.0 MW。

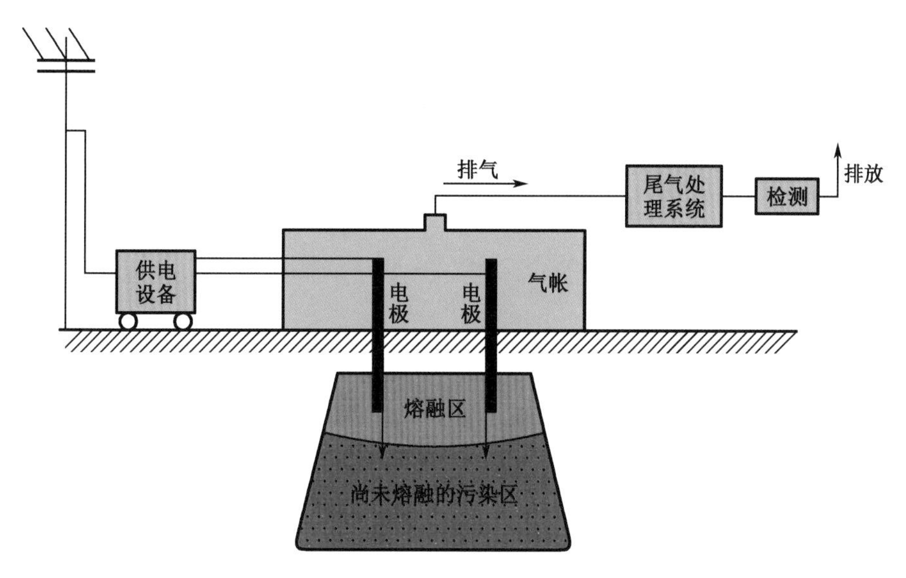

图11.7　就地玻璃固化示意图

美国在太平洋Johnston Atoll岛进行核试验时，沾污10公顷土地，钚污染土壤达20万平方米，1990年开始做去污净化工作，处理方法是粉碎、分级、清洗，到1993年5月处理了17 000 t土壤，耗资1 500万美元。美国太平洋西北实验室1980年开发就地玻璃固化技术，先后进行了180次试验，一次全规模电加热288 h，耗电55万kW·h，就地固化5 m深度12 m直径范围的800 t土壤。美国橡树岭进行工程验证，用就地玻璃固化治理污染土壤，熔融把废液贮槽和周围的土壤一起熔铸成独石体，实现就地安全处置。

(3)电极加热熔融法

电极加热熔融法整治污染土壤的原理与就地玻璃固化相似,见图 11.8。1998 年英国对 20 世纪 50 年代和 60 年代初的南澳大利亚的地面核试验污染场地 Maralinga 进行了就地处置工作。那里有 21 个坑,埋藏有污染的废钢铁、电缆、钚、铀、铍、铅等有毒、有害物质,每个坑含钚量达 10~200 GBq,美国也用电极加热熔融法整治被农药和重金属污染的场地。

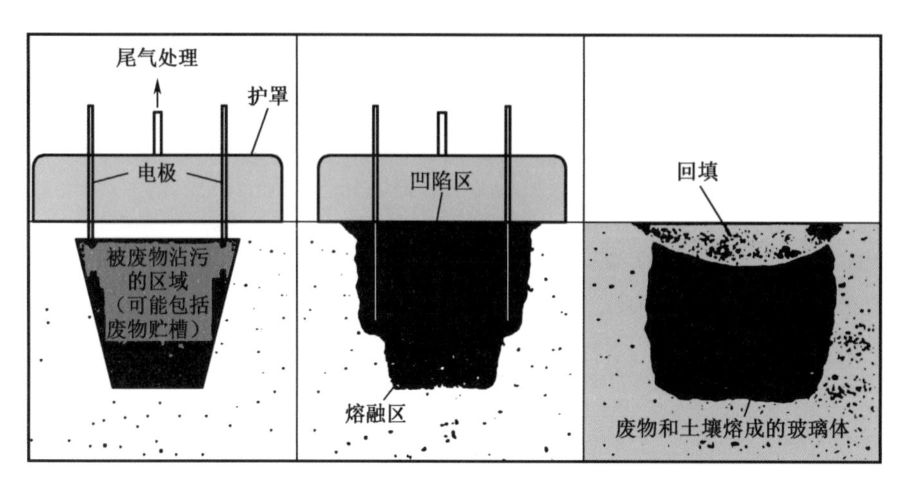

图 11.8　电极加热熔融法整治污染土壤原理图

污染土的去污治理方法比较列于表 11.6。

表 11.6　污染土的去污治理方法比较

方法	优缺点
排土法	把污染土铲掉移走,治理彻底,但费工和费钱,移走的土要处置好
客土法	用干净土覆盖,治理不彻底,干净土要有来源
深耕法	把污染土翻到下面,省钱,但治理不彻底,治理不容易达标
淋洗法	治理比较彻底,但比较费工和费钱
就地玻璃固化法	去污彻底,效果好,但耗电多,花费高
生物净化修复法	利用植物或微生物的作用,吸收滞留放射性核素。研究发现,向日葵、印度芥菜等植物有较好的吸收固集土壤中铀的作用。也有较多二次废物。收割的向日葵、印度芥防止被人畜食用

4. 污染地下水的去污净化

放射性核素和非放有毒物可能溶解于水中、存在于悬浮液或沉淀泥浆中。污染水的去污倍受人们关注,现已开发化学处理技术、膜处理技术(反渗透,电渗析)、生物处理技术等多种有效方法,例如:

(1)调节地下水酸碱度或 pH,使某些有毒有害物质沉淀下来;

(2)改变有毒有害物的氧化还原电位和价态,使其沉淀下来或无害化转变,如:U(Ⅵ)→U(Ⅳ),Cr(Ⅵ)→Cr(Ⅲ),Hg→Hg(Ⅱ),等。

(3)加入吸附剂(如活性炭)、沉淀剂(如消石灰)、离子交换剂(如沸石粉)等。

(4)用紫外线、臭氧等破坏水中的有机物。

(5)利用某些微生物的吸收、吸附、氧化/还原甲基化等作用,破坏或改变有毒有害物质。

20 世纪 40—60 年代,美国研发核武器,在汉福特地区建造和运行多座生产堆。为防止反应堆管道系统的腐蚀,冷却水中加入重铬酸钠。重铬酸钠的泄漏和溢出造成周围土壤污染,导致地下水和哥伦比亚河水中致癌六价铬大大超标。现在清污补救办法:一是把污染土壤挖出转移走;二是把水中六价铬还原成无害的三价铬。哥伦比亚河沿岸地区还有^{90}Sr 超标近 100 倍,治理的方法:采用打一系列井,往井中投加磷酸钙沉淀来除去^{90}Sr。

美国新墨西哥大学开发的治理地下水中的铀污染方法,将微生物注入污染水体,微生物把易溶的六价铀转化成难溶的四价铀沉淀,使地下水达到安全使用的标准。

11.5.5　石墨废物的去污处理

^{14}C 是中毒性放射性核素,半衰期很长,为 5.73×10^3 a。^{14}C 既是天然放射性同位素,又是重要人工放射性同位素,天然^{14}C 产自宇宙射线与大气层物质的作用。人工^{14}C 主要由以下中子活化反应形成:

$$^{14}\mathrm{N}\ (n,p)\ ^{14}\mathrm{C};\quad ^{13}\mathrm{C}\ (n,r)\ ^{14}\mathrm{C};\quad ^{17}\mathrm{O}\ (n,\alpha)\ ^{14}\mathrm{C}$$

1. 石墨废物的产生

石墨耐高温、耐辐射、机械强度高,化学稳定性和导热性好,有很好的中子慢化作用。在核工业领域,石墨应用甚多,产生很多石墨废物,例如:

(1)用作反应堆慢化剂、反射层、石墨砌块、石墨套管等。世界上有百余座石墨生产堆、研究堆和动力堆,大型石墨气冷堆和石墨水冷堆需用很多石墨。第 4 代反应堆,高温气冷堆和熔盐堆也采用石墨作慢化剂。反应堆退役将产生大量的石墨废物,据估计,全世界反应堆退役要产生千万吨废石墨。我国生产堆和研究堆退役产生的石墨废物估计 5 000 t 左右。

(2)后处理厂尾端钚转化处理、MOX 燃料制造、快堆乏燃料干法后处理、武器钚加工制造等,要用石墨坩埚、石墨炉、石墨容器等,也会产生许多石墨废物。

(3)高温气冷堆的球型燃料用碳多层包覆^{235}U。

^{14}C 在石墨废物中的含量与分布有很大差异。在石墨反射层上的^{14}C 主要在表层,深度 10 mm 左右,属低放长寿命废物,约 10^6 Bq/kg;石墨套管上的^{14}C 主要在套管内表层与端头表面,深 1 mm 左右,属于高放长寿命废物,约 10^8 Bq/kg。废石墨放射性水平在 10^6 ~ 10^9 Bq/kg,要考虑^{90}Sr、^{137}Cs、^{60}Co、^{63}Ni、^{152}Eu、^{154}Eu、^{36}Cl、^{41}Ca、^{239}Pu 等核素的共存。

石墨在反应堆中长期受辐照作用,会以潜能形式在晶格内将吸收的辐照能贮存起来,称维格纳能(Wigner Energy),此能的释放会使石墨温度升高到1 500 ℃,引起石墨燃烧。1957年10月,英国温茨凯尔反应堆因石墨积累的维格纳能释放而着火,导致发生国际核事故分级(INES)四级事故。

2. 石墨废物处理的研发活动

对于石墨废物的处理,世界上已研发的技术很多,但目前尚未见到工程应用。

(1)流化床焚烧

法国为G2和G3军用钚生产堆废石墨处理做了研究,在中试装置(图11.9)上做了试验;英国试验处理了GLEEP反应堆石墨;韩国在KAERI建了试验装置。

法国焚烧装置分为两级,第一级为流化床焚烧,第二级为旋风分离器。尾气处理系统由袋滤器和高效过滤器组成,尾气净化后排入大气,装置处理能力为30 kg/h,焚烧温度1 075 ℃,试验焚烧了20 t石墨,燃烧效率达到99.8%,废物减容比达到100,粉尘危险可控。法国以G3军用堆中的石墨为对象,研究要用100 m烟囱排放,将建立处理能力为150 kg/h的生产装置,达到800 t/a处理能力。

英国对废石墨处理开展了粉碎包装、焚烧等多种技术研究比较,研究结果表明:焚烧比直接粉碎包装处置费用低。

韩国KAERI建立了流化床焚烧石墨试验装置,装置由粉碎、焚烧和尾气处理等部分组成。研究推荐参数为:石墨粉碎颗粒度5~10 mm,流化床温度900 ℃,气流速率为50 L/min。研究结果表明,焚烧效率达到99.8%,二次废物体积为石墨体积的1%~2%,其中所含的放射性核素有^{60}Co、^{133}Ba、^{152}Eu和^{154}Eu等。

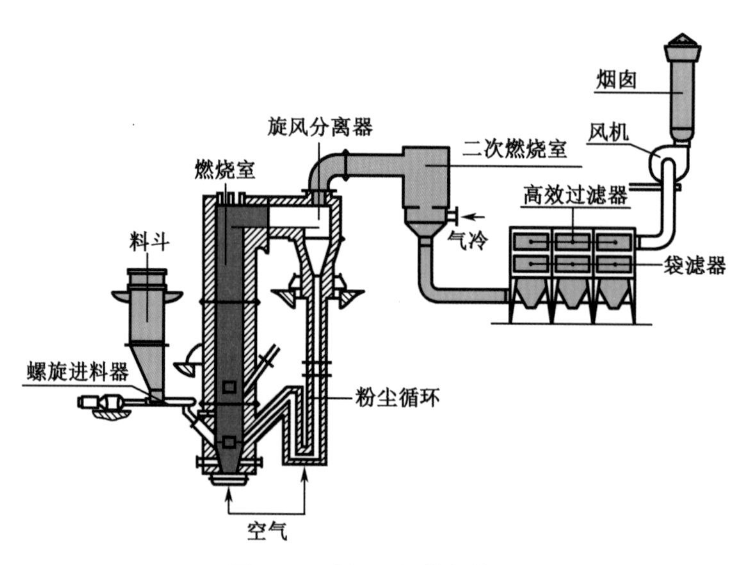

图11.9 法国石墨焚烧装置

(2)激光焚烧

法国CEA开展了激光焚烧石墨技术研究,建立了激光焚烧中试装置。装置的核心设备为内表面抛光不锈钢容器,容器外面覆盖矿物保温层,设备体积取决于石墨块体积,激光从容器顶部发出,光束直径约 35 mm,功率为 2~22 kW,光照后石墨温度达到 1 100~1 200 ℃,通入氧气之后开始燃烧,燃烧速率达到 14 kg/h。该技术优点为不需要将石墨粉碎和其他处理,直接由强激光将石墨引燃。

(3)蒸汽热解焚烧

石墨与高温水蒸气反应,生成 H_2 和 CO,再转化成 CO_2 和水,CO_2 转化成碳酸盐不溶物。1 200 t 石墨转化成 10 000 万 t 碳酸钙或 20 000 t 碳酸钡。废物体积增大 8~16 倍,废石墨焚烧产生大体积气体,^{14}C、^{36}Cl、^{3}H 等都进入尾气中,从尾气中再分出,成本高,若用 $Ca(OH)_2$ 吸收处理,据估算,废物体积增加 8 倍以上。

(4)低放石墨体用树脂或沥青涂覆固定石墨表面层

低放石墨的树脂、沥青涂覆固定技术已经有应用,低放水泥固化和玻璃固化技术正处于研发阶段。法国开发了沥青/环氧树脂混合物、环氧树脂、沥青浸渍技术,其中沥青/环氧混合物树脂浸渍技术较为实用。该法将石墨浸渍在沥青/环氧树脂混合物中,在 10 bar① 压力和 150 ℃下进行养护。研究结果表明,养护后石墨总质量增加了 12%,内部 0.1 μm 以上的空隙全部被填充,抗压强度可提高 0.7 倍,主要核素浸出率比未经处理的石墨降低 2 个量级。该技术已在马库尔 G2 反应堆、Bugey 反应堆的石墨处理工程中得到应用。

有机物浸渍石墨体适用于放射性水平低的石墨,对于放射性较强的石墨,由于有机物会辐解,不适合采用该法处理。

(5)石墨体切割后,汽锤击碎,水泥固化、玻璃固化固定

瑞士 Paul Scherrer Institute 采用水泥固化技术对 DIORIT 研究堆石墨砌块进行处理。该反应堆中的石墨砌块约 45 t,放射性水平较低,^{3}H、^{14}C、^{152}Eu 和 ^{154}Eu 的放射性比活度分别为 4.3×10^{5} Bq/kg、1.0×10^{4} Bq/kg、5.7×10^{4} Bq/kg 和 1×10^{3} Bq/kg。对石墨切割后用两级汽锤击碎,石墨碎块小于 6 mm,其间喷淋含 5wt%表面活性剂的水流防止粉尘。由于石墨的憎水性,石墨与水泥相容性差,石墨包容量仅为 50wt%。

美国开展了石墨颗粒玻璃固化研究,将石墨颗粒分散在玻璃固化体中,研究取得了一定进展,但尚未见工程应用报道。

(6)石墨磨散均化加入无机黏结剂压实

将废石墨磨散并均化,加入无机黏结剂,无机黏结剂用量与石墨孔隙率相适应,真空条件下高温压实,形成长期稳定不渗透的石墨体。

(7)同位素分离技术

将石墨破碎,研磨粉化均匀,氧化成 CO,用膜分离技术进行 ^{14}C 和 ^{12}C 分离。

(8)自蔓延陶瓷固化处理

自蔓延陶瓷固化工艺流程如下:

---

① 1 bar = 100 Pa。

检测石墨体污染层厚度→剥离污染层→剥离物破碎→研磨粉化→冷压预处理→热压自蔓延熔融→固化成型→固化产品。

固化产品为稳定的碳化钛陶瓷体,密度 2~4 g/cm^3。产生的固化体抗压强度高,核素浸出率低,二次废物少,适于中等深度处置。剥离掉富集层后的石墨体可做一般焚烧处理,尾气达标排放。

由于石墨砌块、石墨套管等石墨废物主要在表面层,并非整体都有^{14}C。所以,检测表面层厚度,进行剥离,按含^{14}C 多少对石墨废物分别处理,是一个科学合理的做法。

俄罗斯建了自蔓延陶瓷固化处理中试厂,针对放射性水平高的废石墨,开发了自蔓延处理技术。将石墨、金属铝、二氧化钛等按反应需要的比例混合,用电弧引燃,引燃后生成的大量反应热能够使反应自发持续进行,直到生成稳定的碳化物。主要发生的反应如下:

$$3C+4Al+3TiO_2 \xlongequal{} 2Al_2O_3+3TiC$$

石墨转化为碳化钛固化体,反应过程中,二氧化钛中的氧与金属铝结合形成氧化铝,碳与钛结合形成碳化钛。主要核素^{14}C 被转化为碳化钛,碳化钛化学稳定性好,不溶于水,非常适合作^{14}C 的最终处置基材。自蔓延处理过程中反应最高温度为 2 327 K,气体产生量很低。进入气相的^{14}C 不超过 0.16wt%,绝大部 C 以 TiC 的形式存在。99.9%的^{14}C 固定在碳化钛中,碳化钛固化体性能良好,^{137}Cs 和^{90}Sr 浸出率低,抗压强度可达 7 MPa。自蔓延处理石墨周期短,能耗低。

废石墨自蔓延陶瓷固化处理有良好的发展前景。

俄罗斯在 NIKIET Sverdlovsk(靠近 Beloyarsk 核电站)建立了放射性污染石墨体自蔓延处理中试工厂。

法国 CEA 也开展了自蔓延处理石墨技术研究,将石墨转化为碳化硅固化体,用以固定^{14}C。由于 SiC 的绝热反应温度为 1 600~1 700 K,而启动自蔓延反应温度最少需要 1 800 K,需要补充能量。研究引燃方式、反应物料的颗粒度对反应的影响,确定了最佳引燃方法和最佳反应物颗粒度,保证反应过程平稳,碳化硅固化体性能符合要求。英国塞拉费尔大学也开展了类似的研究。

中国原子能科学研究院对废石墨处理做了研究,确定的技术路线为:废石墨表面核素富集层剥离-自蔓延处理,产生的自蔓延陶瓷体送中等深度处置库处置;废石墨剥离核素富集层后的石墨本体做焚烧处理。原子能院提出的处理方案为:对于规则性石墨砌块的表层剥离,采用车铣的方法,非规则性石墨表层剥离,采用喷砂滚筒洗刷技术。剥离下来的石墨粉通过与金属铝粉、氧化钛粉末、核素固定剂(如硅酸盐)等混合,形成可以发生自蔓延反应且能够固定核素的粉末反应体系。混合后粉末通过冷压形成冷坯,多个冷坯组装在一起装入砂罐,在砂罐内通过电阻丝加热,启动自蔓延反应,当自蔓延反应完成,且形成了自蔓延熔体后,立即对自蔓延熔体进行热压,以便形成致密的陶瓷固化体。随后砂罐移开使自蔓延产品自然缓慢冷却至室温,冷却的自蔓延产品装桶进行处置。其中^{14}C 被固定在碳化钛晶相(TiC),^{36}Cl 被固定在方钠石晶相[$Na_4Al_3(SiO_4)_3Cl$]内,锕系元素被固定在陶瓷晶相,裂片核素/腐蚀产物被固定在玻璃相内。中国原子能科学研究院的研发工作已进展到冷台架试验。

11.6　退役去污的关注要点

核设施退役和退役废物流向涉及安全、经济、社会、公众健康、生态环境等诸多方面，影响深远，做好去污首当其冲，下述要点不可忽视。

(1)去污过程避免产生较多二次废物，用浸泡办法去污和用大量水冲洗不合宜。退役场址原则上不再新建废液蒸发处理装置，不再新建废液储罐和废液输运管网。

(2)应选用成熟可靠技术，不盲目追求先进，不等待研发新技术，不等待采购新设备。

(3)优选高效、快速去污方法，周期短、效率高，效果和效率优先考虑。

(4)退役工程动态性变化大，许多参加人员可能不熟悉去污现场情况，要经过培训，队伍相对稳定。

(5)对于强辐射场的去污活动，要做好去污方案，重视人员配置和条件的准备，要做模拟演练。

(6)对于老旧的强放核设施，由于长期受强辐射作用，可能有辐解和热解产生的氢气和可燃气体的积累，去污操作要警惕和防止着火和爆炸事故。

(7)对于操作高浓铀和钚的场所，去污操作要重视临界安全。

(8)对于厂房和场址整治与准备解控物料的去污，要经足够灵敏度的仪器精准检测，并做好记录，建档保存，保证数据可信、有据可查。

11.7　退役废物实现再循环/再利用要则

退役废物能不能实现再循环/再利用，与以下因素密切相关：

(1)法规标准符合性

再循环/再利用要考虑放射性和非放射性的危害与影响，包括对土地、大气和水体可能的影响。进行废物回收利用，要承担回收产品的全部法律后果，并对这些活动的安全性和其所产生的所有废弃物负责，所以应执行相关的政策和法规标准，其监管应比拆旧船、废旧电器设备的监管严格得多。

(2)技术可行性

实行再循环/再利用要考虑所执行的程序和所采用的技术的安全性，无有毒、有害和燃爆产物，不产生很多二次废物，清洁解控经可靠的检测，向审管部门提供真实的判据。

(3)经济合理性

再循环/再利用是需要花费代价的,除人工外,需要设备投资和能源消耗,可能会引起对工作人员的剂量照射负担和给环境带来不良影响,要做代价-利益分析,要考虑潜在的开支和将来的负担。并考虑到,有些代价-利益分析是目前难以估量的,如节约资源,促进可持续发展和减少废物的处置负担压力等。

(4)公众可接受性

放射性是敏感事物,对辐照过的物品的使用,由于人们的认知不同,不少人存有疑虑,有一个接受的过程。对清洁解控物料的再循环/再利用难免也有一个接受的过程。再循环/再利用的实施,应建立相应法规标准,有可靠的测量仪器和测量方法,做准确的测量和品质鉴定,保证解控的安全性,为公众所信任和接受。

第12章　核事故的去污处理

事故去污属于非计划性去污,突击进行,经常要求选用高效、快速的方法,并需要特别关注热点的去污。由于放射性核素毒性有低毒、中毒、高毒、极毒之分,放射性核素半衰期有短到不到千分之一秒和长到上千万年之差别,所以要抓准关键,正确决策,果断行事。

核电厂发生事故后,立即应急响应,采取应急措施和工程补救活动,首先使反应堆进入安控状态,使放射性物质的释放终止或有效控制。事故危急期后,进入事故后的恢复期,进行环境监测与去污,进行核设施的安全检查和检修,逐渐恢复至正常状态,对受照人员进行医学诊疗与跟踪等。

12.1　国际核事件分级

国际原子能机构和经济合作与发展组织的核能机构(OECD/NEA)在1989年共同建立国际核事件分级,将核事件分为七级(图12.1),其中的4~7级定为事故,1~3级定为事件,零级为不具有安全意义的事件,定为"偏离"。

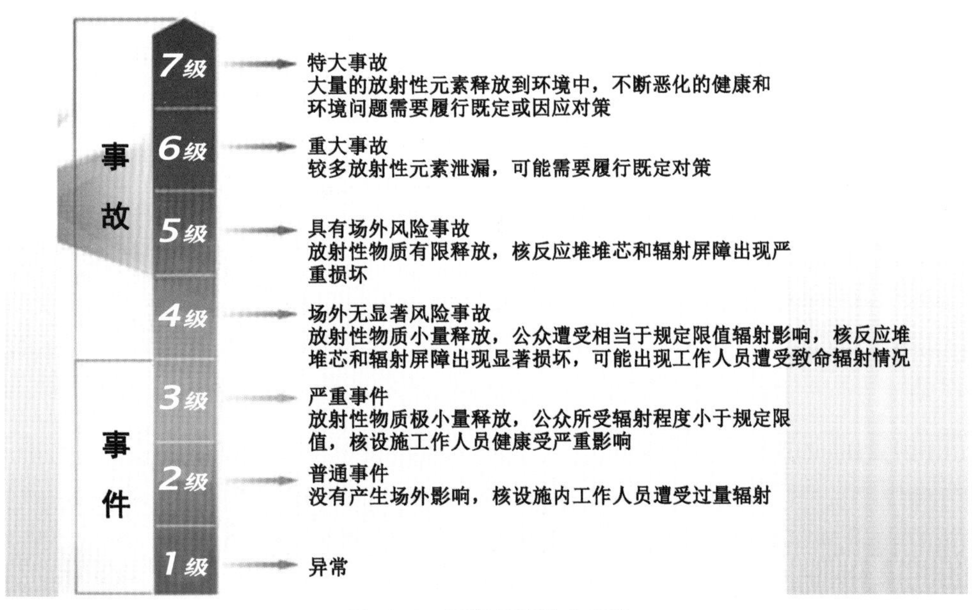

图12.1　国际核事件分级表

7级,特大事故,放射性物质大量释放,大范围健康和环境影响。如切尔诺贝利核电站事故、日本福岛核电站事故。

6级,重大事故,放射性物质明显释放,可能需要全面执行地方应急计划的防护措施,以限制严重健康影响。如1957年苏联南乌拉尔基斯迪姆高放废液贮罐爆炸事故。

5级,具有场外风险的事故,有限释放,可能需要部分执行应急计划的防护措施,以降低健康影响可能性。如1979年美国三哩岛核电站事故。

4级,没有明显场外风险事故,少量释放,公众剂量相当于规定限值。如1973年英国温茨凯尔后处理装置事故。

3级,严重事件,放射性物质极少量释放,公众剂量相当于规定限值的一小部分。场内污染严重扩散,一个工作人员产生急性放射性效应。如1989年西班牙范德咯斯核电厂事件。

2级,普通事件,安全措施明显失效,污染明显扩散,一个工作人员受过量照射。

1级,异常,超出规定运行范围的异常情况,安全上无重要意义。

0级,偏离,安全上无重要意义。

人类利用核能史上共发生4次大事故:美国三哩岛核电站事故(五级事故)、苏联南乌拉尔高放废液贮罐爆炸事故(六级重大事故)、苏联切尔诺贝利核电站事故(七级特大事故)、日本福岛核电站事故(七级特大事故)。

12.2 美国三哩岛核电站事故

1979年3月28日,美国宾夕法尼亚州三哩岛轻水堆核电站2号机组(TMI-2)发生堆芯严重损坏事故。TMI-2为压水堆,电功率960 MW,1978年投入商业运行。

三哩岛核电站事故是由于冷凝水系统除盐装置发生故障和操作人员多次误操作,加上设计上也存有问题等多重原因造成的。反应堆堆芯两次露出水面,使燃料元件破坏和大约2/3的堆芯熔化。导致大量惰性气体和放射性碘与其他一些放射性核素进入了安全壳内。并且由于锆包壳和水发生化学反应,产生了许多氢气,但没有发生爆炸。因为安全壳的良好密封性和屏蔽作用,这次事故释放到环境中的放射性物质较少,堆芯中的惰性气体释放出9.25×10^{16} Bq,碘-131释放量约5.55×10^{11} Bq。三哩岛核电站事故对周围80千米的200万居民所造成的总剂量为20人·Sv,附近居民受到的最大个人剂量不到1 mSv,定为5级事故。事故没有造成核电站职工死亡,只有3人受到的剂量略高于职业照射的季度限值。三哩岛核电站事故是核电史上第一次大事故,加上美国部分媒体夸张甚至歪曲报道,事故后民众很恐慌,周围20英里约20万人撤离,对核电事业发展带来不小影响。三哩岛核电站事故造成的直接经济损失巨大,仅反应堆设备损坏和长期清理费用约达20亿美元。

三哩岛核电站事故后的去污措施很多,如:

(1)喷射温水和化学去污剂;

(2)人工擦洗和真空吸尘器去污,将废液收集到桶内,然后固化;

(3)对地板和墙面用真空干吸;

(4)用纸或布人工擦洗低污染的管道和设备;

(5)用高压喷射对未涂漆混凝土表面去污,墙面去污喷涂可剥离膜层;

(6)对反应堆冷却系统去污净化用蒸发、絮凝沉淀、离子交换、膜技术、压缩、焚烧、湿法氧化等 14 种技术处理。

三哩岛核电站事故污水的净化,曾用美国 Kurion 公司开发的一种无机人工矿物质合成材料处理。该材料耐辐照,对 pH 和洗涤剂灵敏度低,有分子筛、吸附剂作用,对裂变产物、锕系元素吸附分离效果好、去污系数高、处理能力大,代替离子交换树脂用于废水去污净化,使用过后产生的二次废物做玻璃固化处理,转变成能安全处置的固化体。

三哩岛核电站 2 号机组曾用可剥离膜对两个区域的混凝土表面进行过去污,去污系数达到 10~100,二次废物体积为 $0.2\ m^3/m^2$ 表面。

美国三哩岛核电站事故没有造成人员死亡,但在 1979 年美国三哩岛事故发生的同一天,印度一座水电站大坝开裂,造成数千人丧生和很多人流离失所,这次印度水电站事故并没有引起轰动的舆论和强烈的社会反映,没有触动由低层到高层的广泛人士,这充分显示核是社会和人们高度敏感的事情,需要高度重视。三哩岛事故之后,核电界在人-机关系、监测控制、人员培训和事故分析研究等方面做了许多改进。

美国三哩岛电站 2 号机组事故后废弃不用了,但只是封存,至今没有做退役处理,等待和同场址机组一起进行退役。

12.3　苏联切尔诺贝利核电站事故

切尔诺贝利核电站事故是 1986 年 4 月 26 日发生在苏联的乌克兰境内。切尔诺贝利核电站位于基辅市东北 130 千米外,石墨水冷堆 4 个机组,供应乌克兰 10%电力。这次灾难所释放出的辐射量是 1945 年日本广岛原子弹爆炸的 400 倍以上,经济上,这场灾难总共损失大概两千亿美元。

切尔诺贝利核电站事故的起因:4 号机组操纵员在停堆检修过程中做一项试验时违规操作、判断失误,加上压力管式石墨慢化沸水堆设计,尤其是控制棒的设计缺陷等原因,导致了核电史上第一次特大事故。4 号堆出现瞬发超临界,功率剧增、堆芯熔化、蒸汽爆炸、石墨燃烧。因为这个堆没有安全壳,大量放射性物质(12×10^{18} Bq)释入大气。大气扩散使白俄罗斯、乌克兰和俄罗斯约 3 万平方千米土地受到了不同程度的污染。切尔诺贝利核电站 4 号堆特大事故的发生和处理概况如图 12.2 所示。这次灾难性事故所造成的经济损失和社会影响巨大,定为 7 级特大事故。

由于堆芯中含有大量可燃的石墨，堆芯爆炸后，堆芯石墨燃烧发生了大火。堆芯附近的辐射强度非常高，人员无法接近，机器设备也会因辐射导致的电气失效无法工作，因此用直升机从空中进行灭火。苏联政府调集数百架直升机，共空投 5 000 t 的碳化硼、白云石、铅、沙子、黏土等物料，用以覆盖堆芯区域，隔绝氧气，熄灭石墨的燃烧，封闭反应堆厂房和抑制裂变产物外逸。事故后第 10 天放射性释放大幅降低。事故期间释放的放射性物质总量约为 12×10^{18} Bq，对环境有重要危害的放射性核素为 ^{131}I、^{134}Cs 和 ^{137}Cs。

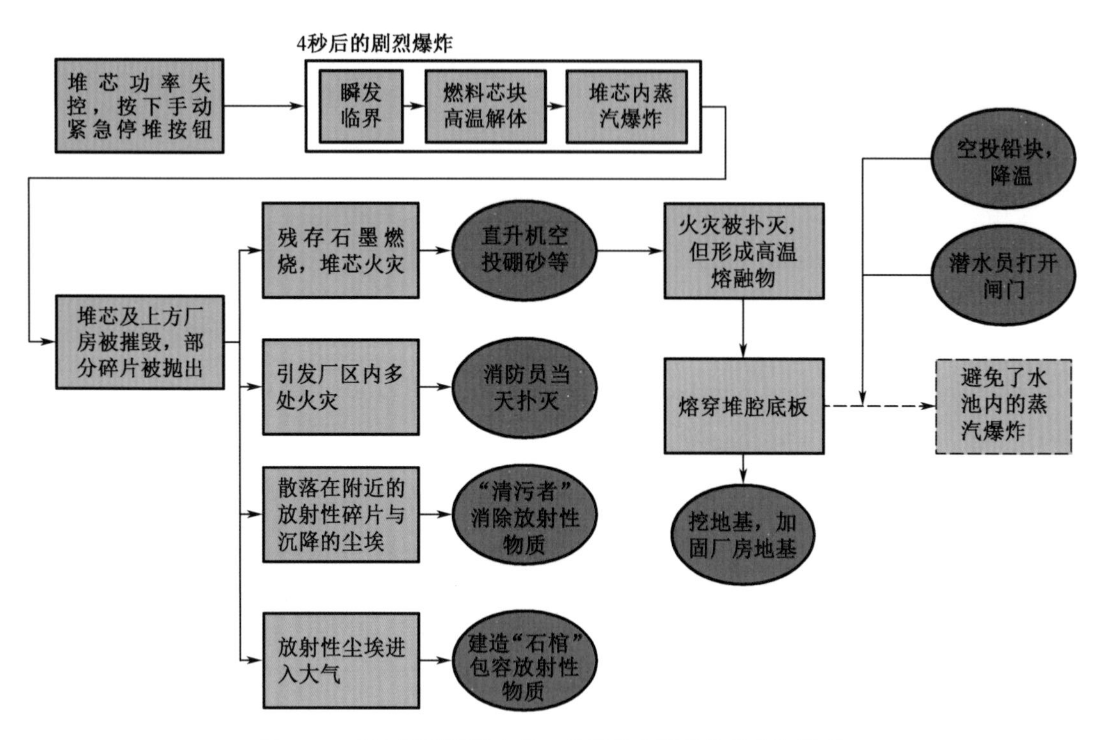

图 12.2　切尔诺贝利核电站 4 号堆特大事故的发生和处理

为了减少放射性物质向大气的释放，同时为了避免降雨和地下水污染以及可能的重返临界，1986 年 11 月在 4 号机组废墟上建造一个钢筋混凝土密封构筑物，把 4 号机组埋藏在里面。该项目动用了 20 多万人参与。至 1986 年 12 月“石棺”建造完成，耗资 180 亿卢布（当时 1 卢布相当于 1 美元）。由于建造过程十分匆忙，并不完全密封，同时有一部分墙壁依靠原有 4 号厂房的支撑。25 年后，“石棺”外表已出现裂缝，需要建造新棺。进入 21 世纪后，由“七国集团”出资，在 4 号机组原有“石棺”外建造了一个更大的外包新棺。2012 年 4 月开始建造，新棺是在旧“石棺”外加装的一个拱形钢结构外壳，2016 年 11 月建成。设计跨度为 257 m，长 164 m，高 110 m，使用寿命至少 100 年。金属外壳可以持续防止放射性污染，花费 9.35 亿欧元。这个金属外壳先在外面加工，做好后推到原来的“石棺”上（图 12.3）。

图 12.3　切尔诺贝利核电站 4 号机组加装了新保护外壳

切尔诺贝利核电站 4 号机组事故时释放出的大部分放射性物质沉积在乌克兰、白俄罗斯和俄罗斯，大片土地遭到了污染。来自苏联科研、民用和军事部门的成千上万人员参加了大量的清理工作，清污进行了 1 年，其中有 24 万人被称为“清扫人”，获得了官方授予的勋章。

1986 年 5 月 6 日，切尔诺贝利开始有计划地进行消除放射性污染工作。到 1986 年 8 月 10 日，完成切尔诺贝利核电站厂区约 87 万 m^2 土地的去污工作。附近居民也进行了大面积去污，为了对进出污染区的人员和车辆等消除污染，还开设了大量洗消站。1986 年仅乌克兰境内就设立了 67 个洗消站。苏联空军还专门派出气象飞机前往事故地区消除雨云，避免降雨造成污染扩散。对受污染较小的建筑物、生活设施采用净水清洗。切尔诺贝利核电站周围 30 千米区域内撤离的居民早有部分迁回去居住，并且早就开放了对切尔诺贝利核电站的有限制的参观活动。

切尔诺贝利核电站发生事故的是 4 号机组，1，2，3 号机组事故时停运了一段时间，后来重启动运营。2 号机组在 1991 年发生火灾关闭，1 号机组在 1996 年关闭，3 号机组在 2000 年关闭。

12.4 日本福岛核电站事故

日本东京电力公司(TEPCO,简称东电)是世界上最大民营电力公司。东电公司经营3座核电厂,共有17座反应堆,供应全日本约一半的核电。福岛第一核电站有6个多种型号沸水堆机组,20世纪70年代相继投入运行,受灾重的4个机组如图12.4所示。

2011年3月11日,日本发生福岛核电站事故。3月11日发生9级大地震时,1号、2号、3号机组在运行,4号机组在换料,5号、6号机组在检修。4号机组水池有MOX燃料。大地震和强海啸极端自然事件叠加使福岛第一核电站6条外部电源全部停电,16 m高的海啸使应急柴油发电机水淹失灵。在丧失全部电源和补水冷却情况下,堆芯温度持续上升,堆芯出现熔化。燃料元件锆包壳与水蒸气反应产生大量氢气,发生氢爆。导致乏燃料、压力容器和安全壳受损,6座反应堆遭不同程度破坏,其中1号、2号、3号机组堆芯熔毁。

图12.4 日本福岛第一核电站

福岛核电站“3.11”事故,先采用了直升飞机洒水灭火,灭火后反应堆还在持续升温,为防止爆炸持续进行喷海水降温。灭火水、降温水加上雨水和地下水,构成大量放射性废水,这种放射性污染水不能排入海洋,事故初期有上万吨污染水排入海洋,东电公司因此遭到谴责。为阻挡核污染水流进海洋,东电公司在2012—2015年沿核电站防波堤修建一道700多米长钢板阻水墙,花资350亿日元;在2014—2016年用冷冻法将1号~4号机组地下的周围墙壁冻结,形成一道约1.6 km长的冻土墙。设计目标为阻止地下水进入反应堆区和阻止核污染水进入地下水和流进海洋。冻土墙建设费用和维持费用都很高,现在冻土墙已出现裂缝,不能达到预期目标。

福岛核电站的事故废水成分复杂,杂质多,含盐量高、放射性水平高,含颗粒物、悬浮物、氚和机油等。不能用一般离子交换法处理。2011 年 6 月,福岛核电站投入运行的废水处理技术主要利用沸石吸附铯,远不能达到排放要求。2014 年 10 月,东电公司花资 470 亿日元,引进的多核素去除装置(ALPS)开始运行(图 12.5)。该装置为由多种不同吸附材料组成的 14 个钢柱的复合系统,包含聚丙烯酰胺(高分子絮凝剂)絮凝沉淀作用、活性炭除胶体作用、钛酸盐除锶作用等。净化过程产生的废吸附剂,准备装入高整体容器(HIC)后处置。原称 ALPS 工艺能去除废水中除氚以外的 62 种核素。现在场址上建有直径 12 m,高 11 m,容量 1 000~1 300 t 废水储罐(图 12.6)1 074 个,总贮存容量 137 万 t,2021 年中贮量已达 125 万 t,即将达到贮存荷载,该地区已无地可建新的储罐。

图 12.5　东电公司引进的处理废水 ALPS 装置

对于福岛核电站储罐中的核污染水,日本提出过五种处置途径:

(1)排进深地下;

(2)排入海洋;

(3)固化处置;

(4)蒸发排入大气;

(5)分离出氚后处置。

图 12.6　东电公司在福岛建的污水储罐

日本政府不顾国内外强烈反对,一意孤行将核污染水排入海洋,迈出对全球海洋环境、食品与民众健康安全有深远影响的危险一步。东电对核污水的排放提出两个方案,一是沿岸直排,二是通过 1 km 海底隧道排放。日本政府批准和试验了海底隧道排放的方案,2023 年 6 月,福岛核污水已向海洋排放。据报道,福岛附近捕捞的海鱼已经测出放射性超标。日本福岛核污水排入海洋,事关全球海洋生态环境安全和各国人民健康,不仅受到本国民众反对,还遭到国际社会强烈谴责和反对。德国海洋科学研究机构分析指出,由于福岛沿岸拥有世界上最强的洋流,核污水从排放之日起 57 天内将扩散至太平洋大半区域,10 年后将蔓延全球海域,因此,日本福岛核电站核污水排入海洋受到世界人民关注和反对。

福岛核电站事故将大量放射性物质释放到环境,造成大面积放射性污染。福岛核电事故之后,曾用喷洒塑料物质,来吸附固定放射性物质,减少放射性扩散。事故后自卫队和防化兵穿戴防护服和在辐射剂量仪表监护下,用长柄工具砍伐污染树木,铲除污染土,高压水冲洗建筑物等。这些去污工作,收集了很多包废物(图 12.7)。一次台风 Etau 把 800 个低放废物包刮到了几英里外,有上百个废物包没有找到。2015 年 9 月,一场暴雨冲走 240 袋低放废物,其中 113 袋得到了收回,但收回来的部分废物袋已破损成了空袋。收集的低放固体废物装了几百个钢箱,这些钢箱露天堆放,有的因腐蚀已出现放射性核素泄漏。福岛核电站 2013 年 5 月动工建设低放固体废物焚烧炉(旋转窑焚烧炉),2016 年 3 月开始运行,处理能力 300 kg/h。现在低、中放废物处置场已经建成投入使用,但将来退役所产生的大量低、中放废物的处置不堪负担。

福岛事故放射性污染面积很大,表土移除会产生大量污染土。日本试验了用固化剂将表土固化,然后快速移走,用此法可高效去除放射性污染物。据称,该技术可除去污染土中 80%以上放射性核素,每公顷土地所需处理时间最多 10 天(包括固化时间)。对于受淹土壤(如水稻田),试验了将水田上面薄薄的一层表土捣成泥浆,然后抽到水池中,待沉降后将沉淀物分离出来处置。据报道该技术可除去 15%~70%的^{137}Cs,比传统移除 4 cm 表土层的方法,所产生的废物要减少 30 倍,并且,此法可减轻土壤肥力的恶化。

图 12.7　福岛核事故场外去污收集的废物

福岛核电站的退役和废物处理任务非常艰巨,尚需很多研发工作和高昂的代价。福岛核电站试用机器人清洗墙壁和擦洗地板,采用 Raccoon 小机器人擦洗地板。福岛反应堆堆芯中熔毁的元件碎块取出极难,反应堆的拆除和退役难度也非常大。

从福岛核电站事故看出,为应对核事故放射性污染处理需要研发的技术很多,例如:

(1)放射性废液快速堵漏技术;

(2)放射性废液贮槽破损泄漏监控技术;

(3)放射性废液安全应急转运技术;

(4)过滤器失效后应急处理技术;

(5)放射性废水中核素快速吸附处理技术;

(6)事故情况气载和液体流出物^{131}I、^{137}Cs 的快速准确测定技术;

(7)地表水、海水、地下水和生物样品中^{131}I、^{137}Cs、^{90}Sr、^{239}Pu 快速准确测定技术;

(8)事故环境气载放射性核素快速控制污染扩散技术;

(9)事故释放环境中放射性核素快速去污技术;

(10)事故场址大体积污染水、污染土治理技术;

(11)事故处理人员污染的快速去污技术,等等。

第13章　展　　望

从20世纪初发现放射性以来，人们不断研究放射性，核能和核技术开发利用给人类带来了巨大福祉，同时人们也发现放射性伴随的危害作用，研究了许多放射性去污方法，确保核能和核技术开发利用的持续发展。

我国核工业、核电和核技术应用，自20世纪50年代至今，从无到有，从不懂放射性到掌控放射性，迈出了成功步伐，取得了卓著成绩，由一穷二白步入到先进行列。放射性这把双刃剑正在更好地为人民谋福祉。

联邦德国的“奥托-哈恩”号核商船，服役运行了10年半，航行50万海里后，于1979年2月退役，花了2年时间（1980—1982年）经过去污拆除了双反应堆，船上的放射性污染进行了彻底清除，换上了柴油发动机，变成一艘普通商船继续运行。

我国青海省海晏县金银滩上，在20世纪50年代建立了我国第一个核武器研制基地——221核基地。在那里研制成功了第一颗原子弹和第一颗氢弹，1988年进行整体退役。221核基地占地面积570 km^2。1993年成功完成退役，通过了国家鉴定验收，实现无限制开放使用。退役10年后，2003—2006年国家环保局组织专家进行了辐射环境现状综合评价，调查了陆地γ辐射剂量率、土壤、地表水和底泥、地下水与牧草，得出结论：221厂退役安全，满足环保限值要求；10年后总体辐射环境状况没有明显改变；厂区残留放射性物质对公众的影响是可以接受的。现在这里定名为西海镇，已建设成为爱国主义教育示范基地（图13.1），吸引全国各地无数旅游者来观光，参观者门庭若市。

13.1　研发高效、经济、安全、可行的去污技术和设备

核能开发和核技术利用蓬勃发展，方兴未艾，核科学技术蒸蒸日上。世界核科技工作者为建设美好家园齐心努力，放射性去污技术和设备不断发展。早期，对放射性污染采用水冲刷，用酸泡-水冲-碱泡-水冲，循环往复的去污方法，因为产生的放射性废水太多，淘汰不用了；氟利昂对电气设备的放射性污染去污很有效，因为破坏大气臭氧层，停用了。现在，对废气和废液的去污净化已经有了一套满足要求的工艺和设备，如表13.1所示。

图13.1　昔日原子城建成两弹成功升天博物馆

表13.1　废气和废液去污净化的主要方法

对象	方法	主要净化对象	去污系数DF
废气	碘过滤器	去除碘	无机碘10～1 000 有机碘10～100
	高效空气微粒过滤器	去除气溶胶	2 000～10 000
	加压贮存衰变或活性炭滞留床	去除短寿命惰性气体	10
废液	沉淀过滤	处理低放或含悬浮物废液	10
	蒸发	处理中、高放和含盐量高废液	1 000～100 000
	离子交换	处理低放和含盐量低的废液	10～100

对固体物上的放射性核素的污染，研发了多种多样的物理去污法和化学去污法。半个多世纪来，随着人们健康标准和环保要求的提高，特别是放射性废物处置场址难觅和放射性废物最小化观念深入人心，放射性去污技术和设备的研发得到高度重视，有长足发展。现在，高压射流去污技术已广泛推广使用，干冰去污和激光去污的使用迅速增加，电解去污、可剥离膜去污、泡沫去污、凝胶去污等新技术日益推广。高温熔炼去污处理废金属日益发展。为了处理受放射性污染的有机物，超临界水氧化处理、蒸汽重整处理、超临界萃取处理等去污技术获得快速发展，还有，应对退役高潮的到来，针对场址、构筑物、土壤、地下水去污净化的需要，生物去污技术也蓬勃发展。

世界上，一方面加速研究开发高效、经济、安全、可行的去污新技术和新设备，另一方面,重视从源头抓起,降低、减少或免除放射性污染产生的理念为越来越多的人接受,获得显著成效。例如:接触放射性物质人员的工作服等防护用品,每次用完后要及时去污,避免放射性物质固着和积累,不再用的旧劳保用品要尽快处理,以防污染扩散。穿过的工作服个别自洗,多数送洗衣房洗衣机洗涤,难免发生交叉污染,产生的废水含洗涤剂多不适宜蒸发处理,要采用臭氧+活性炭+反渗透预处理。对于参加反应堆大修换料,进入热室和地下强放射性设备室工作人员的工作服和劳保用品放射性污染重,只能一次使用,导致放射性废物量大,增加废物处置的负担和压力,现在使用聚丙烯醇(PVA)人造纤维制作的防护服,质量小、透气性好,穿着舒服。PVA 制成的防护用品易降解处理,加入水、氧化剂和催化剂,加热就溶解,产生的废液经处理后即可排放。PVA 人造纤维制作的防护服与传统的劳保用品材料相比,显著降低最终废物的体积,深受青睐。

蒸发处理去污有很大优点,去污系数高、减容倍数大、应用范围广,但耗能较多。处理 1 t 废水约需要消耗 1.5 t 蒸汽,约 84 万千卡热量,按照每吨标准煤产生 700 万千卡热量计算,处理 1 t 废水需要消耗 120 kg 标准煤,蒸发中产生的二次蒸汽需要冷凝,经监测达标后才能排放,这需要用冷却水冷却,因此常规蒸发存在多点美中不足。热泵蒸发技术利用蒸汽压缩机把二次蒸汽加压加温后送入蒸发器的加热室,作为热源使用,充分利用二次蒸汽中的热量,达到节能目的,同时压缩后的二次蒸汽把热量传递给蒸发器内的废水后冷凝下来,这部分冷凝液还有很多热量,用它再去加热常温的废水,既节约了循环冷却水,又实现了热能最大利用。中国原子能科学研究院在 20 世纪 80 年代就开发研究热泵蒸发技术,经过实验装置到工程装置,经过模拟试验到实际废水处理,实现节能 90%,净化系数达到 100 000,热试通过鉴定验收,已有后处理厂订货,用它蒸发去污深受用户欢迎, 扩大使用前景。

韩国在蔚珍(Ulchin)核电厂建起的冷坩埚玻璃固化工厂,2009 年 10 月开始商业运行。其将原本处理高放废液的冷坩埚玻璃固化技术用来处理核电站的多种低、中放废物,如:废树脂、可燃干废物、含硼浓缩物、槽罐底部残渣、腐蚀产物、废沸石等。对于可燃干废物(DAW)减容倍数可达 180,对于干废物加废树脂的混合废物减容倍数可达到 75。一厂多用,省去了建焚烧炉和水泥固化等装置,大大减少了产生二次污染的环节,玻璃固化处理产生的固化体性能好,核素浸出率低,减少了放射性核素的迁移扩散,大大减轻了放射性污染环境的危害作用。

法国玻璃固化方法持续开拓改进和优化,有长足的发展。用冷坩埚玻璃固化退役和去污产生的废物。2004 年法国欧安诺公司(Orano,原阿海珐 Areva 公司)在 R7 装置上开发用冷坩埚技术处理退役和去污产生的废物及历史遗留的废物。Orano 和 CEA(法国原子能委员会)、ECM(易西姆工业炉有限公司)、ANDRA(国家放射性废物管理局)联合提出了 DEM&MELT 计划:开发罐内玻璃固化工艺技术(In-Can vitrification process)。目标为建立一种简单、可靠、多用途工业装置,可以安装在现有的核设施中和接近要处理的废物,可用于玻璃固化高放与中放液体废物和固体废物,可处理的废物包括:含裂片核素和 α 核素的废液、残渣废物、沉淀泥浆、废沸石、废硅钛酸盐废物、焚烧炉灰烬等。废物包容量最高能达到

80wt%,不易析晶,电导性和热导性满足要求,并具有二次废物少、放射性核素挥发损失少、建设投资和运行成本低等优点。

13.2 促进核能开发和核技术利用的可持续发展

节约能源、资源和土地的使用,受到国际社会的普遍重视。放射性污染物经过贮存衰变或者去污,达到降低放射性污染水平,满足清洁解控或再循环/再利用,可实现废物减量化、无害化和资源化,有非常重要的经济意义和环保意义,促进核能和核科学技术可持续发展。

核设施退役产生大量的放射性废物,核设施退役产生放射性废物主要是固体废物,如污染废钢铁、废混凝土、废电缆、废过滤器、污染工器具、污染劳保用品、内墙剥离物、污染土、建筑垃圾等。退役废物大部分活度较低,经过监测,有的属于免管或可解除审管的水平;有的经过适当贮存衰变或去污之后就可解控,无限制或有限制使用,或者作为极低放废物填埋处置。

退役废物中,大体积低活度废物(如污染土和污染混凝土)经常构成影响退役进度的重要因素;小体积高活度废物经常构成影响退役工作人员受照剂量的重要因素。从节约资源、可持续发展与环境保护角度来讲,应该支持和鼓励有价值物料的再循环、再利用,退役应该尽可能实现废物减量化、资源化和无害化。实现废物最小化潜力最大,效果也会最显著,其中,废金属、废混凝土和废电缆是关键。

(1)废金属熔炼进行放射性去污,具有再循环再利用和减少处置废物量降低处置压力双重意义。放射性污染的废金属回收熔炼要在审管部门批准的专门设施中进行。熔炼得到的产品应严格测定和监控。达到清洁解控水平者,可无限制地使用。如果返回核工业部门用作制造核设备、废物桶、生物屏蔽层等,可适当放宽标准。

我国衡阳废金属熔炼厂——金原铀业有限公司下属熔炼中心早已投入运行,熔炼铀矿冶退役产生废金属年处理量达 2 500 t,现研发了熔炼核电厂的废金属技术。404 厂和 821 厂也建了废金属熔炼炉。

核设施使用的金属种类很多,钢铁为主,还有铝、铜、铅、镍、锌等多种常用的金属,也可考虑他们的回收利用。

(2)核设施退役产生的废混凝土量巨大,尤其是反应堆和后处理厂退役。反应堆的庞大安全壳厚度达 1 m,高荷载的基底、地下设备室等,都用钢筋混凝土制造,有的还是用特种水泥和加强钢筋做成的加强混凝土。退役时有的污染核素向内渗透仅几毫米,有的达 1~2 cm,甚至更深。把污染混凝土体简单破碎后,运出去当作放射性废物处置,是很大的浪费,在废物处置场场址难找,废物处置场容积紧缺情况下,更不应该这样做。所以,美国、法国、日本等不少国家已重视废混凝土再利用,考虑用于铺路、筑堤,或在核工业内部使用,用来做废物固定材料、处置库回填材料、浇注处置库隔板和顶板材料等。

(3)核设施使用很多电缆,电缆老化需要更换,特别是核电厂和后处理厂等大型核设施退役时产生大量废电缆。这些电缆大部分只是外皮有放射性污染,并且多数是轻微污染容易去污,没有影响到里面的铜芯。剥去废电缆的外皮铜芯再利用意义大,这种剥离电缆外皮,容易实现自动化操作和智能化管理,回收效益高。法国欧安诺公司正在筹建废电缆再利用工厂。据介绍,这类企业不仅环保意义大,而且经济效益高,有良好发展前景。

对于进行收旧利废,实现放射性废物减量化、无害化和资源化,这是一件新事物,需要关注和做好下面六方面工作:

①解放思想,破除因循守旧观念;

②研发先进高效去污技术;

③研发经济安全的再循环、再利用工艺和设备;

④找准再循环、再利用废物的源头和出路;

⑤制定、发布和实施清洁解控法规标准和导则;

⑥解决灵敏、准确、简便的检测仪器和方法。

显然,这不是一项简单的任务,但通过世界广大科技工作者共同努力是会实现的。随着核科学技术的发展,放射性去污这一古老而又新兴行业,在去污理念、去污机理、去污技术、去污政策、法规标准、去污管理、去污效果等方面得到全面发展和提高,使废物减量化、无害化、资源化得到迅速发展。

综上分析,推进、提高、发展放射性去污,适应科技发展和时代进步的需要,符合国家和民众的利益,对促进核能开发和核技术利用的可持续发展具有重要意义和光辉发展前景。

参考文献

[1] 栾恩杰. 国防科技名词大典:核能[M]. 北京:航空工业出版社,2002.

[2] 陆延昌,丁中智. 中国电力百科全书:核能发电卷[M]. 北京:中国电力出版社,2014.

[3]《核与辐射安全》编写委员会. 中国环境百科全书选编本:核与辐射安全[M]. 北京:中国环境出版社,2015.

[4] 环境保护部核与辐射安全中心. 核安全专业实务[M]. 修订版. 北京:原子能出版社,2018.

[5] 罗上庚. 放射性废物概论[M]. 北京:原子能出版社,2003.

[6] 罗上庚. 放射性废物处理与处置[M]. 北京:中国环境科学出版社,2007.

[7] 罗上庚,张振涛,张华. 核设施与辐射设施的退役[M]. 北京:中国环境科学出版社,2010.

[8] 潘启龙,罗上庚,信萍萍. 新世纪国际放射性废物处置[M]. 北京:中国原子能出版社,2018.

[9] 罗上庚,马栩泉,潘英杰. 国家宝贵的资源:铀[M]. 北京:原子能出版社,2010.

[10] 罗上庚. 走近核科学技术[M]. 2 版. 北京:中国原子能出版社,2015.

附录 A
放射性去污相关参考文献资料

目录

[说明]

(1)收集的文献资料为 20 世纪 90 年代到 2021 年的相关文献,主要为 21 世纪以来 20 年的文献,列出了中英文题目和出处与发表时间。

(2)文献主要来自会议录[C]、期刊[J]、图书[M]、报告[R]等。

(3)原文主要为英文,少数为俄文。

1. 去污综评

[1] 美国全系统的去污:进展评论

Towards full system decontamination in the USA:Review of progress

[J] Nucl. Eng. Int. ,1993,469(38):36-37.

[2] 美国能源部去污和退役发展计划评论

A review of decontaminnatiion and decommissioning technology development programs at the department of energy

[M] National Academy Press,Washington, D. C. ,1998.

[3] VVER 压水堆废物最小化去污方法的评价

Assessment for decontamination procedures for VVER-PWRs for waste minimization

[M] Decommissioning of Nuclear Installations (Proc. 3rd Int. Cont. Luxembourg, 1994), Office for Official Publications of the European Communities,Luxembourg,1995:386-396.

[4] ICPP 对污染核场址退役、去污和环境整治去污技术开发和验证的评论

A review of decontamination technologies under development and demonstration at the ICPP decommissioning, decontamination and environmental restoration of contaminated nuclear sites

[C] Proc. Conf. Washington, D. C. ,1994.

[5] 俄罗斯原子项目去污基本技术和应用效果

Basic technologies of decontammination and effectiveness of their employment of the atomic objects of Russia

[C] SPECTRUM ’96,Denever,Colorado,Sep. 23-18,1998:109-111.

[6] 核设施化学去污系统评论

A review of chemical decontamination systems for nuclear for facilities

[M] The Best D&D Creative,Comprehensive and Cost-Effective(Proc. Topical Mtg. Chicago, 1996),American Nuclear Society,La Grange Park,IL,1996:87-94.

[7] 法国 COGEMA 退役核燃料循环设施去污技术经验

Decontamination techniques for decommissioning nuclear cycle facilities COGEMA experience

[C] International symposium on radiation safety management Taejon (Korea),November 4-6,1999.

[8] AREVA 核电厂退役去污方案:基于 30 多年经验得出综合方法

AREVA NP decontamination concept for decommissioning:A comprehensive approach based on over 30 years experience

[C] ICEM 2010 13th international conference on environmental remediation and radioactive waste management, Volume 1. October 3－7, 2010, Tsukuba, Japan. New York: ASME, 2010:329-337.

[9] 加拿大去污技术的新进展
Recent advances in Canadian decontamination technologies
[C] Nuclear Power Plant Conference,2010.

[10] 日本 Toshiba 退役去污技术
Toshiba's decontamination technologies for the decommissioning
[C] GLOBAL 2011 International Conference. Toward and over the Fukushima Daiichi accident,2011.

[11] 核设施去污和退役废物最小化
Minimization of radioactive waste from decontamination and decommissioning of nuclear facilities
[M] IAEA,TRS-401,2001.

[12] (俄)SUE MosSIA "Radon"放射性废液去污工业技术
Industrial technology of decontamination of liquid radioactive waste in SUE MosSIA "Radon"
[C] WM 2012: Waste Management 2012 conference on improving the future in waste management,WM-12371,2012.

[13] 铀污染金属去污 15 年经验
Decontamination of uranium contaminated metals-15 years of experience
[C] Annual Waste Management Symposium,WM-15528,2015.

[14] 压水堆核电站退役和去污应用技术介绍
Introduction of applying technology for decommissioning and decontamination in PWR NPP's
[C] 2015 spring meeting of the KNS,2015.

[15] 核电厂退役去污活动实践经验
Experience practices on decontamination activity in NPP decommissioning
[C] 2016 Autumn Meeting of the KNS,2016.

[16] 核电厂退役整体系统去污经验评述

Experience review of full system decontamination for decommissioned NPPs

[C] 2017 Spring Meeting of the KNS,2017.

[17] 用改进的辐射监测和去污技术显著降低成本与通过再循环减少放射性废物体积

Application of improved radiation monitoring and decontamination techniques to significantly reduce the cost and volume of radioactive waste via recycling

[C] Canadian conference on nuclear waste management, decommissioning and environmental restoration,2016.

[18] 建筑物、热室和类似设施的去污

Decontamination of buildings,hot cell and similar facilities

[M] Proc. Int. Symp. Knoxville,1994,US Dept of Energy,Washington, D. C. ,1994.

[19] 集中地区的去污和退役

Decontamination and decommissioning in focus area

[R] Technology Summery,Rep. DOE/EM-300 USDOE,Washington, D. C. ,1996.

[20] 去污的作用

Influence of Decontamination

[C] PREDEC 2016:International Symposium on Preparation for Decommissioning,NEA-Predec-2016,2016.

[21] 日本实施去污取得的教训

Lessons learned from the implementation of decontamination in Japan

[C] International Conference on Advancing the Global Implementation of Decommissioning and Environmental Remediation Programmes,IAEA,2017.

[22] 退役混凝土去污增强技术

Enhanced techniques for concrete decontamination during decommissioning

[C] WM 2019:Annual Waste Management Conference,WM-19005,2019.

[23] 辐照单元事件之后大面积去污

Large area decontamination after a radio-logical incident

[J] Journal of Environmental Radioactivity,2019,199:66-74.

[24] 退役前的全系统去污
Full system decontamination(FSD) prior to decommissioning
[C] ICEM 2011: International conference on Environmental Remediation and Radioactive Waste Management, 2012.

[25] 各种全系统去污
Different kinds of full system decontamination
[C] DEM 2018: International conference on dismantling challenges: industrial reality, prospects and feedback experience, 2018.

[26] 制定去污和废物管理整体策略方法
Tool for developing integrated strategies for decontamination and waste management
[C] WM 2020: Annual Waste Management Conference, WM-20291, 2020.

[27] 广泛污染后的去污试验和支持回收的模拟
Decontamination experiments and simulations supporting recovery after widespread contamination
[C] WM 2018: Annual Waste Management Conference, WM-18685-Poster, 2018.

[28] 从设备和破片中除去污染物及用 Techxtract® 技术实现废物最小化
Removal of contaminants from equipment and debris and waste minimization using the Techxtract® technology
[M] Decommissioning, Decontamination and Reutilization of Commercial and Government Facilities(Proc. Topical Mtg Knoxville, 1997), American Nuclear Society, La Grange Park, IL, 1997: 359.

[29] 进一步减少二次废物的先进去污工艺
Advanced decontamination processes for further reduction of secondary waste
[C] Symposium on water chemistry and corrosion in nuclear power plants in Asia 2003 Fukuoka(Japan), November 11-12, 2003.

[30] CEA/DEN 去污的研发现状
Status of current research and development on decontamination at CEA/DEN-13151
[C] International Conference and Exhibition on Decommissioning Challenges-Industrial Reality and Prospects and Radioactive Waste Management, 2013.

[31] 核去污的评价和革新
Nuclear decontamination evolution and revolution
[C] WM 2020:Annual Waste Management Conference,WM-20349,2020.

[32] 核法律手册
Handbook of Nuclear Law
[M] IAEA,STI/PUB/1160,July,2000.

2. 去污利用

[1] 退役核设施的去污
Decontamination an decommissioning of nuclear facilities
[M] Final Report Three Research Co-ordination Meetings, IAEA - TECDOC - 511, Vienna,1989.

[2] 退役核设施的去污:国际原子能机构 IAEA 研究协调项目成果
Decontamination an decommissioning of nuclear facilities:results of a co-ordination Research Programme
[M] Phase Ⅱ:1989-1993,IAEA-TECDOC-716,Vienna,1993.

[3] 退役废物去污技术
Decontamination technique for decommissioning waste
[C] ICEM'95:Radioactive Waste Management and Environmental Remediation,Proc. 5th Int. Conf. Berlin,1995.

[4] 开发商用核电站退役去污技术
Development of decontamination techniques for decommissioning commercial power plants
[J] Nuclear Waste Management and Environmental Engineers,New York,1993:295-300.

[5] Paks 核电厂公司的去污工程
Decontamination work at Paks Nuclear Power Plant Ltd.
[C] Decontamination and Decommissioning(Proc. Int. Symp. Knoxville,1994),US Dept of Energy,Washington, D. C. ,1994.

[6] 印度加压重水堆稀化学去污实验

Experience with dilute chemical decontamination in Indian Pressurized Heavy Water Reactors

[C] ANUP-2010:2. international conference on Asian nuclear prospects,2010.

[7] 商业核电站拆卸之前的去污技术开发

Development of decontamination technique before dismantling for decommissioning of commercial power plants

[C] ICEM'95:Radioactive Waste Management and Environmental Remediation(Proc. 5th Int. Conf. Berlin,1995).

[8] 拆卸的去污:整个系统去污和拆下散片全部去污

Decontamination for dismantling:Full system decontamination and thorough decontamination of dismantled pieces

[M] Decontamination and Decommissioning(Proc. Int. Symp. Knoxville,1994),US Dept of Energy,Washington, D. C. ,1994.

[9] 拆卸的去污技术

Decontamination techniques for dismantling

[M] Decommissioning Policies for Nuclear Facilities(OECD/NEA Int. Sem. Paris. 1991), OECD,Paris,1992.

[10] 研究堆退役的去污和废物管理

Decontamination and waste management in the course of research reactors decommissioning

[C] First IAEA CRP on Decommissioning Techniques for Research Reactors. Mumbai,1998.

[11] 研究型反应堆第一冷却循环去污技术

A decontamination technique for the primary cooling circuit of the research type nuclear reactor

[J] Nuclear Engineering and Design,2018,337:318-323.

[12] FSD 项目在沸水堆试验退役前的去污

Decontamination prior to decommissioning in BWR-Experiences in recent FSD projects

[C] Annual Meeting of the Spanish Nuclear Society Editorial Senda,2018.

[13] 蒸汽发生器的有效去污处理法

Effective decontamination treatment process of steam generator

[C] 2018 Autumn Meeting of Korean Radioactive Waste Society,2018.

[14] 反应堆冷却系统的一种废物最小化化学去污法

A waste-minimized chemical decontamination process for the decontamination of a nuclear reactor coolant system

[J] Journal of Radio-analytical and Nuclear Chemistry,2020,326(1):665-674.

[15] 乏燃料锆合金包壳的去污

Decontamination of Zircaloy Cladding Hulls from Spent Nuclear Fuel

[J] Journal of Nuclear Materials,2009(385):193-195.

[16] 核石墨去污

Decontamination of nuclear graphite

[J] Nuclear Engineering and Design,2008(238):3086-3091.

[17] 热方法对核石墨去污

Decontamination of nuclear graphite by thermal methods

[C] Conference on solutions for graphite waste: A contribution to the accelerated decommissioning of graphitemoderated nuclear reactors,IAEA-TECDOC-1647,2010.

[18] 福岛核电厂释放的放射性铯的去污

Decontamination of radioactive Cesium released from Fukushima Daiichi Nuclear Power Plant

[C] WM 2013:Waste Management Conference:International collaboration and continuous improvement,WM-13277,2013.

[19] 核利用产生的低中放废物处理的无释放去污

Decontamination for free release treatment technologies for low and intermediate level waste from nuclear applications

[M] IAEA-TECDOC-929,IAEA,Vienna,1997:147-152.

[20] 维修或退役操作中的去污新方法和新技术

New methods and techniques for decontamination in maintenance or decommissioning operations

[M] IAEA-TECDOC-1022, Vienna, 1998.

[21] 磷酸钍对放射性废液去污

Decontamination of liquid radioactive waste by thorium phosphate

[C] ATALANTE 2004 conference: Advances for future nuclear fuel cycles Nimes (France), June 21-24, 2004.

[22] 用膨润土和 Dowex 树脂从废液中去除 Sr、Co 和 Cr

Decontamination of Strontium, Cobalt and Chromium from waste solutions by bentonite and dowex

[J] Arab Journal of Nuclear Sciences And Applications, 2005, 38(3): 97-106.

[23] 一种用低压电弧放电法对放射性废物去污的新方法

A new method for decontamination of radioactive waste using low-pressure arc discharge

[J] Corrosion Science, 2006(48): 1544-1559.

[24] 为法国 UP1 后处理厂退役和拆卸高水平废液去污

Decontamination of HL liquid wastes for the decommissioning and dismantling of UP1 reprocessing plant

[C] International conference on dismantling challenges: Industrial reality, prospects and feedback experience, 2018.

[25] CERN 加速器产生的放射性废物的去除

Elimination of radioactive waste from CERN accelerators

[C] KONTEC 2009, Dresden, Germany, April 15-17, 2009.

[26] 古巴哈瓦纳小型医学设施的去污和拆除

Dismantling and decontamination of a small medical facility in Havana, Cuba

[C] Vienna, 2011.

[27] 放射性同位素的去污

Decontamination of radioisotopes

[J] Reports of Practical Oncology and Radiotherapy, 2011, 16(4): 147-152.

[28] 马库尔 UP1 D & D 计划对石墨废物槽的净化和去污
Graphite waste tank cleanup and decontamination under the Marcoule UP1 D and D Program
[C] WM 2013:Waste Management Conference:International collaboration and continuous improvement,WM-13166,2013.

[29] 两个高放废液贮存容器去污取得的教训
Lessons learned from the decontamination of two storage vessels for high level liquid waste
[C] Spectrum'94:Nuclear and Hazardous Waste Management(Proc. Int. Conf. Atlanta, 1994),American Nuclear Society La Grange Park,IL,1994: 1565-1569.

[30] 厂房、热室和类似设施的去污
Decontamination of buildings,hot cells and similar facilities
[M] Decontamination and Decommissioning(Proc. Int. Symp. Knoxville,1994),US Dept of Energy,Washington, D. C. ,1994.

[31] 低放废液的现场去污系统
On-site decontamination system for liquid low level radioactive waste
[C] WM 2013:Waste Management Conference:International collaboration and continuous improvement,WM-13010,2013.

[32] 沾污残留高放废物通风管道的遥控去污
Remote decontamination of ventilation ducting contaminated with residual high level waste
[C] International Conference and Exhibition on Decommissioning Challenges IndustrialReality and Prospects-13058,2013.

[33] 管道内部的去污方法
Decontamination process of internal part of pipes
[C] International Conference and Exhibition on Decommissioning Challenges-Industrial Reality and Prospects-13056,2013.

[34] 用固定波长紫外线处理放射性废水
The treatment of radioactive wastewater by ultrasonic standing wave method
[J] Journal of Hazardous Materials,2014,274:41-45.

[35] 含放射性核素的有机废物的去污

Decontamination of organic wastes containing radionuclides

[C] European Nuclear Young Generation Forum 2015,2015.

[36] 含放射性核素的有机废物的去污

Decontamination of organic wastes containing radionuclides

[C] WM 2015:Annual Waste Management Symposium,WM-15122,2015.

[37] HEPA 过滤器去污方法研发

Development of process for decontamination of HEPA filter

[J] BARC Newsletter,2017,360:11-17.

[38] 压水堆核电站废树脂的去污技术

Decontamination technology of spent resin from PHWR

[C] Spring Meeting of Korean Radioactive Waste Society,2017.

[39] 晶体硅钛酸盐除铯的离子交换模拟试验

Ion-exchange modeling of crystalline silicotitanate for Cesium removal

[C] WM 2020 Annual Waste Management Conference,WM-20283,2020.

[40] 有效除去室内放射性污染物的清污材料和方法

Cleaning materials and methods for effective removal of indoor radioactive contamination

[C] Radiation Safety Management(Online),2020,19:49-57.

[41] 钯(Pd)做催化剂对污染水去污:短评

Decontamination of contaminated water by palladium catalyst:a short review

[J] Advances in Natural Sciences. Nanoscience and Nanotechnology(Online),2020,11(3):9.

[42] 核电站退役产生的废金属的各种去污技术效果

Effectiveness of different decontamination techniques on metallic scraps arising from decommissioned power plants

[M] New Methods and Techniques for Decontamination in Maintenance or Decommissioning Operations,IAEA-TECDOC-1022,IAEA,Vienna,1998:139-148.

[43] 316 不锈钢摄取的^{3}H 和对它的去污

Tritium uptake by SS316 and its decontamination

[J] Journal of Nuclear Materials,2004,329-333(1):1624-1628.

[44] 开发放射性废金属去污用的碾磨机

Development of milling machine to decontamination radioactive metal waste

[C] 2017 Fall Meeting of Korean Radioactive Waste Society,2017.

[45] 除去不锈钢表面固定污染的去污研究

Decontamination studies for removing fixed contamination on the surface of SS metal

[C] IARP international conference on developments towards improvement of radiological surveillance at nuclear facilities and environment,2018.

[46] 多相处理法对污染的废碳钢化学去污效果的评价

The evaluation of chemical decontamination for contaminated carbon steel scrap by multi-phase treatment process

[C] WM 2020:Annual Waste Management Conference,WM-20249,2020.

[47] 从放射性粉煤灰中去除放射性铯的去污技术开发

Development of the radioactive Cesium decontamination technology from radioactive fly ash

[C] Nuclear plant chemistry conference 2014,2014.

[48] 灰中富含放射性铯的去污

Decontamination of radioactive Cesium enriched ash

[C] workshop of remediation of radioactive contamination in environment,2013.

[49] 灰和土中放射性铯的去污

Decontamination of radioactive Cesium from ash and soil

[C] APSORC13:5. Asia-Pacific symposium on radiochemistry,2013.

[50] 铀污染沙砾的去污研究

A study on the decontamination of the gravels contaminated by Uranium

[C] 2014 spring meeting of the KNS,2014.

[51] Belgoprocess 土壤清洗去污的可能性

Possibilities of soil washing for decontamination at Belgoprocess

[C] ICEM 2013 - ASME 2013: 15. International Conference on Environmental Remediation.

[52] 土壤中含放射性铯的去污

Decontamination of radioactive Cesium in the soil

[C] APSORC13:5. Asia-Pacific symposium on radiochemistry,2013.

[53] 根据样品分析污染土中铯去除状况评价

Evaluation of removal behavior of Cesium in contaminated soil based on speciation analysis

[J] Analytical Sciences(Online),2020,36(5):589-594.

[54] 用吸附剂从土壤中有效洗涤除去放射性铯:一种推荐的吸附共存法

Effective washing removal of radioactive Cesium from soils using adsorbents: A proposed adsorbent-coexistence method

[J] Journal of Radio-analytical and Nuclear Chemistry,2021,329(3):1439-1445.

[55] 核设施退役时混凝土和金属构件的去污和捣散

Decontamination and demolition of concrete and metal structures during the decommissioning of nuclear facilities

[M] Technical Reports Series No. 286,IAEA,Vienna,1998.

[56] 放射性污染的沥青混凝土表面的去污

Radioactive contaminated asphalt concrete surfaces decontamination

[J] adiological Security of Modem Civilization: Socio-Cultural Approaches, Information Technologies, Economic Structures (1st Int. Scientific Practical Conf. Moscow, 1995), Enomar, Moscow, 1995: 219-223.

[57] 用热和机械法去污放射性混凝土废物

Decontamination of radioactive concrete waste by thermal and mechanical processes

[C] ICEM 2010: international conference on environmental remediation and radioactive waste management,2011.

[58] 铀污染混凝土的去污

Decontamination of Uranium-contaminated concrete

[C] Journal of Radio-analytical and Nuclear Chemistry,2013,298(2):973-980.

[59] 用氯化技术对锶污染放射性混凝土去污

Chlorination technique for decontamination of radioactive concrete waste contaminated by Sr

[J] Journal of Radio-analytical and Nuclear Chemistry,2021,328(1):195-203.

[60] 从污染的混凝土废物中分离放射性组分的去污技术研发

Development of decontamination technology for separating radioactive constituents from contaminated concrete waste

[C] spring meeting of the KNS,2010.

[61] 放射性污染混凝土的去污

Decontamination of radioactive concrete

[J] Atomic Energy,2009,106(3):225-230.

[62] 铀污染混凝土废物中一种可行去污顺序开发

Development of a practical decontamination procedure for Uranium-contaminated concrete waste

[J] Journal of Radio-analytical and Nuclear Chemistry,2014,302(1):611-616.

[63] 核电厂退役产生带有不同有机溶剂的混凝土废物的去污

Decontamination of concrete waste generated from nuclear power plant decommissioning with different organic solvents

[C] 2018 Autumn Meeting of Korean Radioactive Waste Society,2018.

[64] 从核电厂退役产生的污染混凝土中有目标分离放射性核素

Targeted separation of radio-nuclids from contaminated concrete waste generated from decommissioning of nuclear power plants

[J] Journal of Radio-analytical and Nuclear Chemistry,2021,329(3):1417-1426.

3. 高压喷射去污(含高压射流,干冰喷射,喷砂)

[1] 磨料喷射:工业退役污染金属部件达到无条件释放水平的一种技术

Abrasive blasting :A technique for the industrial decontamination of metal components from decommissioning to unconditional release levels

[M] Proc. 8th Int. Conf. Bruges, 2001.

[2] 对金属部件用磨料喷射去污达到清洁解控水平

Decontamination of metal components to clearance level by means of abrasive blasting

[M] IAEA-TECDOC-807 Vienna,1995:193-200.

[3] 对核电厂低中放废物用高压水去污

Decontamination of low and medium active waste from nuclear power plants with high pressure water

[C] International Conference and Exhibition on Decommissioning Challenges-Industrial Reality and Prospects,2013.

[4] CO_2 去污节省成本和减少废物体积的实际利用史

Radwaste cost savings and mixed waste volume reduction achieved with CO_2 decontamination-actual utility history

[C] Waste Management' 94(Proc. Int. Conf. Tucson,1994),Waste Management Symposia, Tucson,AZ,1994.

[5] 用喷射 CO_2 粒子技术对喷射器真空室去污

Decontamination of the jet vacuum vessel using the CO_2 pellet blasting(cold jet) technique

[C] Decontamination and Decommissioning(Proc. Int. Symp. Knoxville,1994),US Dept of Energy,Washington, D. C. ,1994.

[6] 喷射 CO_2:欧洲一种先进退役方法

Carbon dioxide blasting in Europe:An innovative way for decommissioning)

[J] Nucl. Eng. Int. 40 488,1995:43-45.

[7] CO_2 粒子喷射研究

CO_2 Pellet Blasting Studies

[S] Rep. INEL/EXT-97-00117,Jan. 1997,Idaho National Engineering Laboratory,Idaho Falls,ID,1997.

[8] 金属部件用磨料喷射去污到清洁解控水平:豁免原则应用经验

Decontamination of metal components to clearance levels by means of abrasive blasting: Experience in the application of exemption principles

[M] IAEA-TECDOC-807,IAEA,Vienna,1995: 193-200.

[9] 用常压喷射等离子源对金属表面放射性去污

Decontamination of radioactive metal surface by atmospheric pressure ejected plasma source [J] Surface and Coatings Technology,2003(171):317-320.

[10] 用磨料喷射技术对蒸汽发生器管去污

Decontamination of steam generator tube using abrasive blasting technology

[C] 2010 autumn meeting of the KNS,2010.

[11] 蒸汽发生器管道内表面的磨料喷射去污

Abrasive blasting technology for decontamination of the inner surface of steam generator tubes

[J] Nuclear Engineering and Technology,2011,43(5):469-476.

[12] 日本压水堆电厂在役设备干冰喷射去污

Dry ice blast decontamination to in-service equipment in Japanese PWR plant

[J] Journal of Advanced Maintenance,2016,7(4).

[13] 常压等离子体喷射进行放射性去污:手套箱研究

Atmospheric pressure plasma jet for radioactive decontamination:A glove box based study

[J] BARC Newsletter,2017,359:4-6.

[14] 干法喷射器去污能力的证实

Confirmation of the decontamination ability using the dry blasting device

[C] ICAPP 2017:2017 international congress on advances in nuclear power plants,2017.

4. 激光去污

[1] 混凝土和金属表面激光消融去污

Laser ablation of containments from concrete and metal surfaces

[C] SPECTRUM'98:Int. Conf. on Decommissioning and Decontamination and on Nuclear and Hazardous Waste Management(Proc. Int. Conf. Denver,1998).

[2] 紫外激光去污

Decontamination by ultraviolet laser

[C] The Lexdin Protoype SPECTRUM'96: Nuclear and Hazardous Waste Management (Proc. Int. Topical Mtg Seattle, 1996).

[3] 放射性表面去污法中不同类型等离子体的比较

Comparison of different types of plasma in radioactive surface decontamination process

[J] Materials Science Forum, 2005(502): 321-326.

[4] 用改进激光-机械手系统对放射性污染混凝土表面去污

Decontamination of radioactively contaminated concrete surfaces using an innovative laser-manipulator-system

[C] KONTEC 2009, Dresden, Germany, April 15-17, 2009.

[5] 配置机械手激光系统改进表面去污

Innovative surface decontamination using a manipulator-deployed laser system

[C] Annual meeting on nuclear technology, 2010.

[6] 用激光消融法做表面去污

Surface decontamination using laser ablation process

[C] WM 2012: Waste Management 2012 conference on improving the future in waste management, WM-12032, 2012.

[7] 用激光消融法进行核去污

Use of laser ablation in nuclear decontamination

[C] NPC 2012: Nuclear Plant Chemistry Conference, International Conference on Water Chemistry of Nuclear Reactor Systems, NPC-2012-P3-04, 2012.

[8] 用激光技术对核工厂涂漆混凝土去污

Decontamination of paint-coated concrete in nuclear plants using laser technology

[C] Annual meeting on nuclear technology 2013, 2013.

[9] 激光技术对金属表面去污

Decontamination of metallic surfaces by using laser technology

[C] International Conference and Exhibition on Decommissioning Challenges-Industrial

Reality and Prospects,2013.

[10] 激光对金属表面的去污

Metallic surfaces decontamination by using laser light

[C] ICEM 2013-ASME 2013:15. International Conference on Environmental Remediation and Radioactive Waste Management,2013.

[11] 激光切割和去污技术在遥控退役工程中的应用

Applicability of laser cutting and decontamination technologies for remote decommissioning work

[C] WM 2016:42. Annual Waste Management Symposium,WM-16115,2016.

[12] 核设施的激光净化去污

Laser cleaning for decontamination of a nuclear facility

[C] WM 2020:Annual Waste Management Conference,WM-20609,2020.

5. 超声波去污

[1] 用超声波及化学溶液对复杂部件去污

Decontamination of complex components using ultrasounds and flowing chemicals

[M] Decommissioning of Nuclear Installations(Proc. 3rd Int. Conf. Luxembourg, 1994), Office for Official Publications of the European Communities,Luxembourg(1995) 317-325.

[2] 用超声波和侵蚀性化学药剂对复杂部件去污

Decontamination of complex components using ultrasounds and aggressive chemicals

[M] Decontamination and Decommissioning(Proc. Int. Symp. Knoxville,1994),US Dept of Energy,Washington, D. C. ,1994.

[3] 废气过滤器的超声净化

Ultrasonic cleaning of effluent gas filters

[C] Decommissioning, Decontamination and Reutilization of Commercial and Government Facilities(Proc. Topical Mtg Knoxville,1997).

6. 超临界水氧化和超临界萃取去污

[1] 超临界水氧化试验机流出物处理研究

Supercriticalwater oxidation test bed effluent treatment study

[R] Contract DE-AC07-761D01570,EGG-WTD-11271,Apri 1,1994.

[2] 超临界水氧化试验机设计要求

Design requirements for the supercritical water oxidation test bed

[R] Contract DE-AC07-781D01570,EGG-WTD-11199,May 1, 1994.

[3] 用超临界水处理放射性废水装置的研发

Development of radioactive waste treatment system using supercritical water

[C] WM'05 Conference,February 27-March 3,2005,Tucson,AZ.

[4] 超临界流体萃取铀、钚和镎

Supercritical fluid extraction of Uranium,Plutonium and Neptunium

[M] Institut National Polytechnique de Lorraine,Nancy,1998, 2:791-796.

[5] 用超临界 CO_2 去污污染的不锈钢

Decontamination of real contaminated stainless steel using supercritical CO_2

[C] SPECTRUM'98:Int. Conf. on Decommissioning and Decontamination and on Nuclear and Hazardous Waster Management(Proc. Int. Conf. Denver,1998).

[6] 以 HNO_3-TBP 为反应剂超临界 CO_2 流体浸取法对固体废物中的铀氧化物去污

Decontamination of uranium oxides from solid wastes by supercritical CO_2 fluid leaching method using HNO_3-TBP complex as a reactant

[J] The Journal of Supercritical Fluids,2004(31):141-147.

[7] 采用超临界萃取法对土壤和沉积物去污

Supercritical extraction of contaminants from soils and sediments

[J] The Journal of Supercritical Fluids,2006(38):167-180.

[8] 超临界二氧化碳对固体基底层去污:采用商售碳酸氢盐表面活性剂

Decontamination of solid substrates using supercritical Carbon Dioxide:Application with trade

hydrocarbonated surfactants
[J] The Journal of Supercritical Fluids,2007(42):69-79.

7. 化学法去污

[1] 放射性废金属的化学去污
Chemical decontamination method for radioactive metal waste
[R] Hitachi Plant Engineering Construction,Tokyo,1991.

[2] 用 Ce(Ⅳ)溶液对放射性污染不锈钢部件去污试验
Decontamination testing of radioactive-contaminated stainless steel coupons using a Ce (Ⅳ) solution
[R] Pacific Northwest Lab. ,Richland,WA,1992.

[3] LOMI 去污效果和对低合金钢不锈钢包壳预氧化处理
Effects of LOMI decontamination and preoxidation processes on stainless steel-clad low-alloy steel
[R] Rep,ERRI-NP-6730,Palo Alto,CA,1990.

[4] 用 DECOHA 技术对去污产生的金属混凝土和砖化学去污
Chemical decontamination for decommissioning with application of DECOHA technology on metal,concrete and brickwork
[M] NUCLEAR DECOM'92:Decommissioning of Radioactive Facilities(Proc. Int. Conf. London,1992),Mechanical Engineering Publications,London,1992.

[5] 化学法去污固体废物
A chemical decontamination process for solid waste treatment
[R] Nuclear Engineering(Proc. 3rd JSME/ASME Joint Int. Cont Kyoto,1995),American Society of Mechanical Engineers,New York,1995:1823-1826.

[6] 对压水堆蒸汽发生器取出管束进行现场硬化学去污
Situ hard chemical decontamination of the tube bundle from a removed PWR steam generator
[C] Decommissioning of Nuclear Installations(Proc. 3rd Int. Cont. Luxembourg,1994), Office for Official Publications of the European Communities,Luxembourg,1995:374-385.

[7] 用铈法对金属片彻底去污

Thorough decontamination of metallic pieces with Cerium process

[C] SPECTRUM'96: Nuclear and Hazardous Waste Management (Proc. Int. Topical Mtg Seattle, 1996), American Nuclear Society, La Grange Park, IL, 1996: 1728-1734.

[8] 17 种化学去污剂的试验和比较

Testing and comparison of seventeen decontamination chemicals

[R] Rep, INEL-96/0361, Sept. 1996, Idaho National Engineering Laboratory, Idaho Falls, ID, 1996.

[9] 用 Ce(Ⅳ) 对不锈钢去污:物料再利用再循环

Decontamination of stainless steel using Cerium(Ⅳ): Material recycle and reuse

[C] Beneficial Reuse'97: Recycle and Reuse of Radioactive Scrap Metal (Proc. 5th Ann. Conf. Knoxvill, 1997), US Dept of Energy, Washington, D. C., 1997.

[10] 用 DECOHA 法在切尔诺贝利工业规模去污:放射性废物管理与环境整治技术与计划

Industrial-scale decontamination using the DECOHA process at Chernobyl: Technology and program for radioactive waste management and environmental restoration

[C] Waste Management'97 (Proc. Int. Conf. Tucson, 1997), Waste Management Symposia, Tucson, AZ, 1997: 569-573.

[11] 用 REDOX 去污技术对回路净化:维修和退役操作中的去污新方法与新技术

Loop cleanup with REDOX decontamination technique: New methods and techniques for decontamination in maintenance or decommissioning operations

[M] IAEA-TECDOC-1022, IAEA, Vienna, 1998: 51-63.

[12] HP/CORD D UV:核电站退役一种新去污法

HP/CORD D UV: A new decontamination process for decommissioning of nuclear stations

[C] SPECTRUM'98: Int. Cont. on Decommissioning and Decontamination and on Nuclear and Hazardous Waste Management (Proc. Int. Cont. Denver, 1998), American Nuclear Society, La Grange Park, IL, 1998: 116-123.

[13] 改进的去污和退役化学去污法

Improved chemical decontamination methods for D&D

[D] SPECTRUM'98: Int. Conf. on Decommissioning and Decontamination and on Nuclear and Hazardous Waste Management (Proc. Int. Cont. Denver, 1998), American Nuclear Society, La Grange Park, IL, 1998: 112-115.

[14] 不锈钢的化学去污

Chemical decontamination of stainless steel

[R] Hitachi Plant Engineering Construction, Tokyo, 1999.

[15] Portsmouth 铀富集厂废金属化学去污结果

Results of chemical decontamination of scrap metal at the Portsmouth uranium enrichment facility

[C] Decommissioning, Decontamination and Reutilization of Commercial and Government Facilities (Proc. Topical Mtg Knoxville, 1997), American Nuclear Society, La Grange Park, IL, 1997: 17.

[16] 化学吸附膜分离放射性核素近期进展

Recent developments in the use of chemical absorbing membranes for radionuclide separation

[C] International Low Level Waste Conference (Proc. Int. Conf. New Orleans, 1996), Electric Power Research Institute, Palo Alto, CA, 1996: 113-115.

[17] 将化学试剂分散为雾的去污技术

Decontamination technique using a chemical agent dispersed as fog

[M] Decommissioning of Nuclear Installations (Proc. 3rd Int. Conf. Luxembourg, 1994), Office for Official Publications of the European Communities, Luxembourg, 1995: 356-364.

[18] 金属表面的热化学去污

Thermochemical decontamination of metallic surfaces

[C] Waste Management' 97 (Proc. Int. Conf. Tucson, 1997), Waste Management Symposia, Tucson, AZ, 1997.

[19] 用放热金属组分去污不同物料

Decontamination of different materials by using exothermic metallic compositions

[C] KONTEC' 97: Conditioning of Radioactive Operational and Decommissioning Waste (Proc. 3rd Symp. Hamburg, 1997).

[20] 用絮凝沉淀法提高放射性流出物中可溶性金属离子去除率

Enhanced removal of dissolved metal ions in radioactive effluents by flocculation

[J] International Journal of Mineral Processing,2006(80):215-222.

[21] 陶土去污放射性废液

Decontamination of radioactive waste solutions using pottery

[J] Radiochemistry,2006,48(4):392-397.

[22] 去除放射性表面污染的有机聚合物的制备

Preparation of organic polymers for decontamination of surface radioactive contamination

[C] Korean Radioactive Waste Society Spring 2010,2010.

[23] 快堆液体流出物化学法去污开发

Development of a chemical process towards fast reactor liquid effluent decontamination

[C] NUCAR 2011:symposium on nuclear and radiochemistry,2011.

[24] DFD 和 DFDX 退役的化学去污

Chemical decontamination for decommissioning(DFD) and DFDX

[C] ICEM 2010. international conference on environmental remediation and radioactive waste management,2011.

[25] 用钛氧化物吸附从污染水中去除锶

Strontium decontamination from the contaminated water by titanium oxide adsorption

[C] GLOBAL 2011. International conference. Toward and over the Fukushima Daiichi accident,2011.

[26] 核退役的全系统化学去污

Full system chemical decontamination used in nuclear decommissioning

[C] Annual meeting on nuclear technology 2012,2012.

[27] 沸水堆铝黄铜冷凝管的化学去污

Chemical decontamination studies on aluminium brass condenser tubes of a BWR

[C] NPC 2012:Nuclear Plant Chemistry Conference,International Conference on Water Chemistry of Nuclear Reactor Systems,2012

[28] 干洗剂去污放射性污染的防护服
Decontamination of radioactive contaminated protective wear using dry cleaning solvent
[C] National conference on current trends in science and technology,2013

[29] 高污染防护服的去污技术研究
The study for decontamination techniques of adhered high contamination on protective clothing
[C] 2013 Spring Meeting of the Korean Association for Radiation Protection,2013

[30] 防护服的放射性污染去污
Decontamination of protective clothing against radioactive contamination
[C] RAD 2014:2. International Conference on Radiation and Dosimetry in Various Fields of Research,2014

[31] 化学去污中有效去除放射性锑的吸附剂
Sorbents for effective removal of radioactive Antimony during chemical decontamination
[C] NPC 2014:Nuclear plant chemistry conference 2014,2014.

[32] 海外核电站蒸汽发生器化学去污技术现状分析
Analysis on the current status of chemical decontamination technology of steam generators in the oversea nuclear power plants(NPPs)
[C] 2015 Fall meeting of the KNS,2015.

[33] 用肼联氨液对一循环冷却系统化学去污
Chemical decontamination of a primary coolant system using hydrazine based solutions
[C] WM 2015:Annual Waste Management Symposium,WM-15215,2015.

[34] 化学去污二次废物最小化
Minimization of secondary waste in chemical decontamination
[C] 2016 spring meeting of the KNS,2016.

[35] 间苯二酚-甲醛树脂去除放射性核素铯污染的废离子交换剂的去污
Decontamination of spent ion-exchanger contaminated with Cesium radionuclides using resorcinol-formaldehyde resins
[J] Journal of Hazardous Materials,2017,321:326-334.

[36] 用高温熔盐对辐照过的石墨去污

Decontamination of irradiated nuclear graphite using high temperature molten salt

[C] WM 2017. Annual Waste Management Symposium, WM-17447, 2017.

[37] 两步化学沉淀法放射性废水去污

Decontamination of radioactive wastewater by two-staged chemical precipitation

[J] Nuclear Engineering and Technology, 2018, 50(6): 886-889.

[38] Chinshan 核电厂废金属化学去污和退役计划近况

Current Status of Decommissioning Plans and Chemical Decontamination of Metal Scraps in Chinshan NPP

[C] WM 2019: Annual Waste Management Conference, WM-19304, 2019.

[39] 加拿大固体放射性废物和混合废物去污新方案概述

Overview of novel Canadian approaches for decontamination of solid radioactive and mixed waste

[C] WM 2019: Annual Waste Management Conference, WM-19476, 2019.

[40] 退役项目化学去污取得的最新教训

Lessons learned from most recent chemical decontamination for decommissioning projects

[C] WM 2019: Annual Waste Management Conference, WM-19280, 2019.

[41] 对废水去污:一种先进的高选择性 Cs 吸附剂

An innovative highly selective Cs sorbent for wastewater decontamination

[C] WM 2020: Annual Waste Management Conference, WM-20065, 2020.

8. 电化学去污

[1] 核工程电化学去污开发:评述

Development of electrochemical decontamination methods in nuclear engineering: Review[R] CSRIatominform, Moscow, 1987.

[2] 电抛光去污设备和核装置研发

Development of an electro etching decontamination facility and nuclear installations

[C] (Proc. Int. Conf. Luxembourg, 1994), Office for Official Publications of the European

Communities, Luxembourg, 1995: 365-367.

[3] 减少表面污染金属在 INER 核工程的经验

Experience with electrode contamination to reduce the surface contaminated metal at INER Nuclear Engineering

[J] American Society of Mechanical Engineers, New York, 1996: 145-156.

[4] 电解去污:老方法用新方案

Electrolytic decontamination: An old process with new approaches,

[C] KONTEC'97: Conditioning of Radioactive Operational and Decommissioning Waste (Proc. 3rd Symp. Hamburg, 1997).

[5] 用于锕系元素处理的手套箱电化学去污装置

Electrochemical decontamination system for actinide processing glove boxes

[C] Waste Management'98 (Proc. Int. Conf. Tucson, 1998), Waste Management Symposia, Tucson, AZ, 1998.

[6] 应用改进电化学装置对放射性废金属表面去污

Application of a modified electrochemical system for surface decontamination of radioactive metal waste

[C] International conference on structural mechanics in reactor technology Prague (Czech Republic), August 17-22, 2003.

[7] 电动法对水泥物料进行核去污:实验室研究

Nuclear decontamination of cementaion materials by electrokinetics: An experimental study

[J] Cement and Concrete Research, 2005, 35(10): 2018-2025.

[8] 一种用低压电弧放电法对放射性废物去污的新方法

A new method for decontamination of radioactive waste using low-pressure arc discharge

[J] Corrosion Science, 2006(48): 1544-1559.

[9] 铈电解氧化法对超铀废物去污基础研究

Basic study on decontamination of TRU waste with Cerium-mediated electrolytic oxidation method

[C] GLOBAL 2011: International Conference. Toward and over the Fukushima Daiichi accident,2011.

[10] 开发对污染铀的土壤复合电动去污法

Development of complex electrokinetic decontamination method for soil contaminated with uranium

[C] EREM 2011:international symposium on developments in electrokinetic remediation of soils,sediments and construction materials,2012.

[11] 金属表面电化学去污装置

Setup for electrochemical decontamination of metal surfaces

[C] Symposium on Recycling of Metals arising from Operation and Decommissioning of Nuclear Facilities,2014.

[12] 核电厂设备的电脉冲法去污

Electropulse method of decontamination of nuclear power plant equipment

[J] Journal of International Scientific Publications:Materials,Methods and Technologies(Online),2015,9:227-236.

[13] 用大规模电动去污设备除去土壤中铀

Removal of uranium in soil using large-scale electrokinetic decontamination equipment

[C] 2016 spring meeting of the KNS,2016.

[14] 辐照过的核石墨的电化学处理

Electrochemical treatment of irradiated nuclear graphite

[J] Journal of Nuclear Materials,2019,526:15175.

[15] 用电凝聚法对放射性金属表面去污

Decontamination of radioactive metal surfaces by electrocoagulation

[J] Journal of Hazardous Materials,2019,361:357-366.

9. 可剥离膜去污

[1] 可剥离膜对去污和退役的评价

Assessment of strippable coatings for decontamination and decommissioning

[R] DOE/EW/55094—32(DOEEW5509432),Jan. 1998:39.

[2] 除去放射性污染的可剥离涂层:短评和展望
Strippable coatings for radioactive contamination removal:A short review and perspectives
[J] Journal of Radio-analytical and Nuclear Chemistry,2021,330(1):29-36.

[3] 可剥离凝胶对污染金属表面的去污
Strippable gel for decontamination of contaminated metallic surfaces
[C] ITMC-2013:theme meeting on recent trends in materials chemistry,2013.

[4] 可逆性交联和可剥离水凝胶除去表面的放射性铯
Reversibly cross-linked and strippable hydrogels for the removal of radioactive Cesium from surface
[C] 2017 Fall Meeting of Korean Radioactive Waste Society,2017.

[5] 核应急去污技术可剥离涂层研究
Research on nuclear emergency decontamination technology based on strippable coating
[J] Journal of Radio-analytical and Nuclear Chemistry,2019,322(2):1049-1054.

[6] 用可剥离聚合物对金属离子表面去污和比色测定
Colorimetric detection and surface decontamination of metal ions by using strippable polymers
[C] WM 2020:Annual Waste Management Conference,WM-20024,2020.

10. 泡沫去污

[1] 用官能团试剂做成的泡沫去污钚污染物
Decontamination of Plutonium contaminated materials using functionalized reagents as foam
[C] Decontamination and Decommissioning Proc. Int. Symp. Knoxville, 1994, US Dept of Energy,Washington, D. C. ,1994.

[2] 自动去污泡沫喷射装置:用于马库尔 G2 和 G3 反应堆管道系统
Automatic decontamination foam spray device:Application to system pipes in the G2 and G3 reactors at Marcoule
[C] Nuclear Installations Proc. 3rd Int. Conf. Luxembourg,1995:368-369.

[3] 大型核设备拆卸之前泡沫去污

Foam decontamination of large nuclear components before dismantling

[M] New Methods and Techniques for Decontamination in Maintenance or Decommissioning Operations, IAEA-TECDOC-1022, Vienna, 1998:65-80.

[4] 用于核去污的泡沫:成果和前景

Foams for nuclear decontamination purposes: Achievements and prospects

[C] Waste Management'98(Proc. Int. Conf. Tucson, 1998), Waste Management Symposia, Tucson, AZ, 1998.

[5] 泡沫法去污裂变产物贮槽的原理

Principles of a fission product storage tank decontamination using a foam proess

[C] Proceedings of Global 2009, Paris, France, September 6-11, 2009:2854-2858.

[6] 用循环泡沫对解压管道的去污

Depressurized pipes decontamination by using circulation foam

[C] Nuclear Plant Chemistry Conference, International Conference on Water Chemistry of Nuclear Reactor Systems, NPC-2012-P3-03, 2012.

[7] 含各种结构硅纳米粒子的泡沫去污

Foam decontamination containing silica nanoparticles of various structures

[C] 2014 spring meeting of the KNS, 2014.

[8] 金属的泡沫去污

Foam decontamination of metals

[C] Symposium on Recycling of Metals arising from Operation and Decommissioning of Nuclear Facilities, 2014.

[9] 铈(Ⅳ):表面活性剂反应在泡沫去污的作用

Effect of Cerium(Ⅳ): Surfactant reaction in foam decontamination

[C] 2015 spring meeting of the KNS, 2015.

[10] 复杂形状内污染部件的泡沫去污

Foams for decontamination of internally contaminated components with complex shapes

[C] SESTEC-2016: DAE-BRNS biennial symposium on emerging trends in separation science and technology,2016.

[11] 研发用微气泡放射性活性炭去污设备
Decontamination system development of radioative activated carbon using micro-bubbles
[C] 2016 Autumn Meeting of the KNS,2016.

[12] 含空隙的二氧化硅的泡沫去污性能评价
Performance evaluation of decontamination foam containing mesoporous Silica
[C] WM 2018:Annual Waste Management Conference,WM-18453,2018.

[13] 泡沫去污剂的去污效能
Decontamination performance of foam decontaminating agent
[C] 2018 Spring Meeting of the KNS,2018.

[14] DOE 去污和退役操作用的辐照硬化聚氨酯泡沫的策划和评价
Concoction and appraisal of radiation hardened polyurethane foams for DOE decontamination and decommissioning(D and D) operations
[C] WM 2019:Annual Waste Management Conference,WM-P11,2019.

11. 凝胶去污

[1] 硅基化学凝胶对钴和铯去污
Silica-based chemical gel for decontamination of Cs and Co
[C] 2011 spring meeting of the KNS,2011.

[2] 钢和混凝土表面聚合物凝胶去污研究
Study on polymer gel coating for decontamination on surface of steel and concrete
[R] VAEC-AR-10;VAEC-AR-10-19,2012.

[3] 用化学凝胶对放射性铀去污
Decontamination of radioactive Uranium by chemical gels
[C] 2012 autumn meeting of the KNS,2012.

[4] 用絮凝和沉降技术对污染水去污
Decontamination technology of contaminated water with flocculating and settling technology

[J] Journal of Power and Energy Systems,2012,6(3):412-422.

[5] 用凝胶聚合物铯-137 和锶-85 表面去污研究
Surface decontamination studies of Cs-137 and Sr-85 using polymer gel
[C] WiN-2015:23. WiN Global Annual Conference:Women in Nuclear meet Atoms for Peace,IAEA-CN—221,2015.

12. 金属熔融法去污

[1] 欧化后处理厂物料去污和熔炼
Decontmination and melting of metallic material from the Eurochmic Reporocessing plant
[M] Proc. 3rd Eur. Sem. Nykoping,1997.

[2] 对污染铀的低放金属废物的熔炼去污技术研发
Development of melt refining decontamination technology for low level radioactive metal waste contaminated with Uranium
[J] Journal of Physics and Chemistry of Solids,2005(66):608-611.

[3] 反应堆冷却系统热绝缘废物熔炼去污实验研究
Study on the experiment of melting decontamination for thermal insulation waste of reactor coolant system
[C] 2018 Spring Meeting of the KNS,2018.

[4] 反应堆上层内部件的去污和熔化
Decontamination and melting of reactor upper internals
[C] 2018:Annual Waste Management Conference,WM-18536,2018.

[5] 用高温热解对土壤和焚烧灰中的放射性铯去污达到清洁解控水平
Decontamination of Radio-Cs in soil and incineration fly ash to the clearance level by pyrolysis
[C] WM 2018:44. Annual Waste Management Conference,WM-18247,2018.

13. 生物法去污

[1] 模拟去污废液中^{60}Co 生物治理

Bio-remediation of ^{60}Co from simulated spent decontamination solutions

[J] Science of the Total Environment,2004(328):1-14.

[2] 铀水冶尾矿场址污染地下水的生物治理

Bioremediation of ground water contamination at a Uranium mill tailings site

[C] SPECTRUM'95 ,1995,2:1579.

[3] 混凝土的生物去污

Biodecontamination of concrete

[C] SPECTRUM'96,Seattle,Washengton,Aug. 18-23,1996,3:1977.

[4] 用三价铁氧化还原菌作用生物治理锕系核素和裂片产物

Bioremediation of actinides and fission products by Fe(Ⅲ)-reduction bcteria

[J] Geomicrobiol J. ,2002,19:103-120.

[5] 一种新抗辐射微藻用于核工业放射性核素生物去污的可能性

Potentialities of a new radio-resistant micro-alga for the biological decontamination of radionuclides in the nuclear industry

[C] International Conference and Exhibition on Decommissioning Challenges-Industrial Reality and Prospects,2013.

[6] 一种极抗辐射的绿色真核生物用于核工业放射性核素生物去污

An extremely radioresistant green eukaryote for radionuclide bio-decontamination in the nuclear industry

[J] Energy and Environmental Science(Print)2013,6:1230-1239.

[7] 开发放射性废液化学和生物去污技术及用于 APR1400 废液管理系统可行性研究

Development of chemical and biological decontamination technology for radioactive liquid waste and feasibility study for application to liquid waste management system in APR1400

[J] Journal of Nuclear Fuel Cycle and Waste Technology,2019,17(1):59-73.

[8] 为废水去污合成固定的生物催化剂

Synthesis of immobilized biocatalysts for waste water decontamination

[J] Polymeros(Online),2019,29(4):8.

[9] 用微藻类对低放废水中铯和钴去污

Decontamination of low-level contaminated water from radioactive Cesium and Cobalt using microalgae

[J] Journal of Radioanalytical and Nuclear Chemistry,2020,323(2):903-908.

[10] 开发上层土物理除去技术和耕地去污机器

Development of physical topsoil removal techniques and machines for farmland decontamination

[C] Technical Workshop on Strategies and Practices in the Remediation of Radioactive Contamination in Agriculture,IAEA,978-92-0-102120-5,2020.

[11] 基于 SilicaTech® 喷涂技术的场地去污法

Decontamination method of ground based on SilicaTech® coating technique

[C] IWSMT-14:14. international workshop on spallation materials technology, Physical Society of Japan. Tokyo,2020.

附录 B
放射性去污相关法律法规标准

我国核法律法规分为国家法律、行政法规及部门规章和强制性标准三个层次。国家法律经全国人民代表大会常务委员会批准，由国家主席令发布；行政法规由国务院批准和发布；部门规章和强制性标准由各部委批准和发布。我国核法律法规体系示意图见图 B.1。

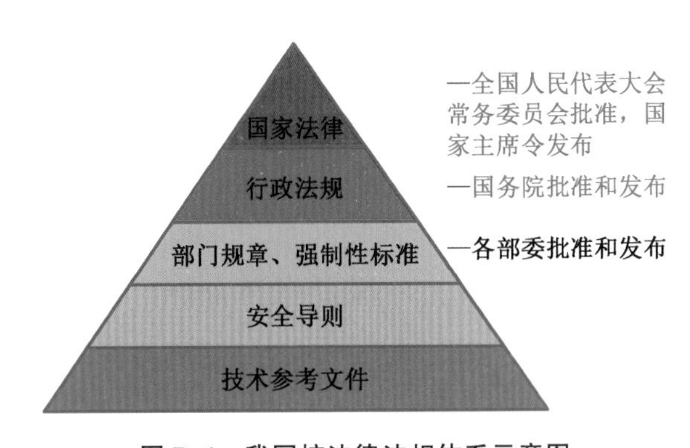

图 B.1　我国核法律法规体系示意图

我国现行标准体系分为国家标准、行业标准、地方标准和企业标准四级。按标准性质分为强制性标准和推荐性标准。按基础内容分为技术标准、管理标准和工作标准三大类。

B.1　国内相关法律法规标准

1. 国家法律

《中华人民共和国环境保护法》　1989 年 10 月 26 日起施行

《中华人民共和国大气污染防治法》　2000 年 9 月 1 日起施行

《中华人民共和国水污染防治法》　2000 年 6 月 1 日起施行

《中华人民共和国固体废物污染环境防治法》　1996 年 4 月 1 日起施行

《中华人民共和国放射性污染防治法》　2003 年 10 月 1 日起施行

《中华人民共和国职业病防治法》　2002 年 11 月 1 日起施行

《中华人民共和国清洁生产促进法》 2003年1月1日起施行
《中华人民共和国循环经济促进法》 2009年1月1日起施行
《中华人民共和国环境影响评价法》 2003年9月1日起施行
《中华人民共和国行政处罚法》 1996年10月1日起施行
《中华人民共和国行政许可法》 2004年7月1日起施行
《中华人民共和国安全生产法》 2000年10月1日起施行
《中华人民共和国核安全法》 2018年1月1日起施行

2. 行政法规

《放射性废物安全管理条例》 国务院令第612号 2012年3月1日起施行
《放射性物品运输安全管理条例》 国务院令第562号 2010年1月1日起施行
《放射性同位素与射线装置安全和防护条例》 根据国务院令第653号修改 2014年7月29日起施行
《中华人民共和国民用核设施安全监督管理条例》 国务院发布 1986年10月29日起施行
《中华人民共和国核材料管制条例》 国务院发布 1987年6月15日起施行
《核电厂核事故应急管理条例》 根据国务院令第588号修改 2011年1月8日起施行
《民用核安全设备监督管理条例》 根据国务院令第666号修改 2016年2月6日起施行

3. 国家国防科技工业局发布规章

《国防科技工业军用核设施安全监督管理规定》 国防科学技术工业委员会令第1号 1999年11月8日起施行
《国防科技工业军用核设施质量保证规定》 科工法〔2005〕311号 2005年4月1日起施行
《军工核安全设备监督管理办法》 科工核应安〔2015〕544号 2015年5月31日起施行
《放射性废物分类》 环境保护部、工业和信息化部、国家国防科技工业局公告2017年第65号 2018年1月1日起施行

4. 国家核安全局发布规章

《放射性废物安全监督管理规定》 HAF 401 1997年发布

《中华人民共和国民用核设施安全监督管理例》　HAF 0500　1986 年 10 月 29 日发布

《放射性固体废物贮存和处置许可管理办法》　HAF402　2013 年发布,2019 年修订

《核电厂放射性排出流和废物管理》　HAD401/01　1990 年发布

《核电厂放射废物管理系统的设计》　HAD401/02　1997 年发布

《放射废物焚烧设施的设计与运行》　HAD401/03　1997 年发布

《放射性废物近地表处置场选址》　HAD401/05　1998 年发布

《高水平放射性废物地质处置设施选址》　HAD401/06　2013 年发布

《核设施放射性废物最小化》　HAD401/08　2016 年发布

《放射性废物处置设施的检测和检查》　HAD401/09　2019 年发布

《放射性废物地质处置设施》　HAD401/10　2020 年发布

《核技术利用放射性废物最小化》　HAD401/11　2020 年发布

《核设施放射废物处置前管理》　HAD401/12　2020 年发布

《低水平放射性废物贮存设施安全》　HAD401/13　2021 年发布

《核技术利用设施退役》　HAD401/14　2021 年发布

《核设施退役安全评价》　HAD401/15　2022 年发布

《放射性废物处置安全全过程系统分析》　NNSA-HAJ-001　2020 年发布

5. 国家标准和行业标准

《电离辐射防护与辐射源安全基本标准》（GB 18871—2002）

《放射性废物管理规定》（GB 14500—2002）

《放射性废物分类》［2017 年第 65 号公告(环境保护部、工业和信息化部、国家国防科技工业局联合发布)］

《放射性物质安全运输规程》（GB 11806—2004）

《核科学技术术语 第 8 部分:放射性废物管理》（GB/T 4960.8—2008）

《核动力厂环境辐射防护规定》（GB 6249—2011）

《核设施退役安全要求》（GB/T 19597—2004）

《核设施的钢铁铝镍和铜再循环再利用的清洁解控水平》（GB/T 17567—2009）

《拟再循环、再利用或作非放射性废物处置的固体物质的放射性活度测量》（GB/T 17947—2008）

《可免于辐射防护监管的物料中放射性核素活度浓度》（GB 27742—2011）

《电离辐射工作场所监测的一般规定》（EJ 381—1989）

《核工业铀水冶厂尾矿库、尾渣库安全设计规范》（GB 50520—2009）

《核工业铀矿冶工程设计规范》（GB 50521—2009）

《铀矿冶辐射防护和环境保护规定》（GB 23727—2009）

《低、中水平放射性固体废物包安全标准》（GB 12711—2018）

《放射性废物体和废物包的特性鉴定》（EJ 1186—2005）

《低、中水平放射性固体废物混凝土容器》（EJ 914—2000）

《低、中水平放射性固体废物包装容器 钢桶》（EJ 1042—2014）

《低、中水平放射性固体废物容器 钢箱》（EJ 1076—2014）

《低、中水平放射性废物高完整性容器——球墨铸铁容器》（GB 36900. 1—2018）

《低、中水平放射性废物高完整性容器——混凝土容器》（GB 36900. 2—2018）

《低、中水平放射性废物高完整性容器——交联高密度聚乙烯容器》（GB 36900. 3—2018）

《低、中水平放射性固体废物暂时贮存规定》（GB 11928—1989）

《低、中水平放射性废物固化体性能要求——水泥固化体》（GB 14569. 1—2011）

《低、中水平放射性废物固化体性能要求——沥青固化体》（GB 14569. 3—1993）

《低、中水平放射性废物固化体长期浸出试验方法》（GB/T 7023—2011）

《低、中水平放射性废物近地表处置设施的选址》（HJ/T 23—1998）

《低、中水平放射性固体废物近地表处置安全规定》（GB 9132—2018）

《低、中水平放射性废物近地表处置场环境辐射监测的一般要求》（GB/T 15950—2023）

《低、中水平放射性固体废物的岩洞处置规定》（GB 13600—1992）

《极低水平放射性废物的填埋处置》（GB/T 28178—2011）

《高水平放射性废液贮存厂房设计规定》（GB 11929—2011）

《污水综合排放标准》（GB 8978—1996）

《地表水环境质量标准》（GB 3838—2002）

《环境空气质量标准》（GB 3095—2012）

《环境空气中氡的标准测量方法》（GB/T 14582—1993）

《环境地表 γ 辐射剂量率测定规范》（GB/T 14583—1993）

《环境及生物样品中放射性核素的 γ 能谱分析方法》（GB/T 16145—2022）

《土壤中镭-226 的放射化学分析方法》（EJ/T 1117—2000）

《水中镭-226 的分析测定》（GB 11214—1989）

《大气污染物综合排放标准》（GB 16297—1996）

《放射性污染的物料解控和场址开放的基本要求》（GBZ 167—2005）

《拟开放场址土壤中剩余放射性可接受水平规定》（HJ 53—2000）

[备注]

1. 国内一些标准和导则的代号

GB——国标　　GJB——国军标　　GD——地方标准
HAF——核安全法规　　HAD——核安全导则　　HAB——核安全报告
EJ——核行业标准　　HJ——环保行业标准　　CJ——城建行业标准
GBZ——国家职业卫生标准　　NEPA-RG——国家环境保护局管理导则
JAG——军用核设施安全规章　　JAD——军用核设施安全导则

2. 国内相关刊物(部分)

《核科学工程》《原子能科学技术》《核化学与放射化学》《辐射防护》《辐射防护通讯》《核电》《核技术》《放射性废物管理与核设施退役》《核科技信息》

3. 国内相关会议录(部分)

《废物地下处置学术研讨会论文集》《核化学与放射化学学会会议论文集》《辐射防护学会会议论文集》《核化工学会会议论文集》

B.2　国际相关法规标准

《防止倾倒废物和其他物质污染海洋的公约》　1972 年发布
《核事故及早通报公约》　1986 年 10 月 27 日生效
《核事故或紧急情况援助公约》　1987 年 2 月 26 日生效
《核安全公约》　1996 年 10 月 24 日生效
《核损害民事责任维也纳公约》　1997 年 11 月 12 日生效
《乏燃料管理安全和放射性废物管理安全联合公约》　2001 年 6 月 18 日生效
《放射性废物管理基本原则》　SS 111-F　IAEA　1995 年发布
《国际核事件分级》　IAEA 和 OECD/NEA　1989 年制定
《基本安全原则》　IAEA 等 9 个国际组织　2006 年联合发布

[备注]

1. IAEA 出版物

IAEA 可供调研文献资料多,如:会议录、技术报告、系列丛书、标准导则、手册、光盘、数据库等,内容丰富,权威性高,到核情报院查找方便。

GS——General Safety　　NS——Nuclear Safety　　RS——Radiation Safety
WS——Waste Safety　　TS——Transport Safety　　SS——Safety Standards Series
TRS——Technical Reports Series　　TECDOC——Technical Document
F——Fundamental　　R——Requirements　　G——Guidance

2. 相关重要国际会议

WM 会议,每年举行一次,会址在美国亚利桑那州图森

ICEM 会议,每两年举行一次,会址不固定

SPECTRUM 会议,会期、会址不固定

USA topic meeting,会期、会址不固定

附录 C
放射性去污测试题[①]

测试题答案

1. 放射性去污改变了放射性核素的(　　)。
A. 毒性　B. 存在形式和位置　C. 总量　D. 总活度

2. 放射性去污应该(　　)放射性核素。
A. 完全消灭　B. 全力消除热点　C. 快速消灭　D. 有效除去

3. 放射性去污的目标是(　　)。
A. 彻底消灭放射性核素　B. 达到清洁解控水平
C. 达到本底水平　D. 达到设计的预期水平

4. 放射性核素的危害作用通过(　　)消灭。
A. 化学法　B. 物理法　C. 生物法　D. 自身衰变

5. 贮存放射性核素经过 10 个半衰期衰变,放射性水平下降到约原来的(　　)。
A. 百分之一　B. 千分之一　C. 万分之一　D. 十万分之一

6. 核电站工艺废气中的(　　)贮存 60 天可衰变掉 99.9% 以上。
A. I-131　B. Kr-85　C. Xe-133　D. H-3

7. 高效空气微粒过滤器(HEPA)专用于除去(　　),有很高除去效力。
A. 气流中粗粒粉尘　B. 气流中细小颗粒粉尘
C. 废气中超细粉尘　D. 废气中惰性气体

8. 氚的去污除去比较困难,因为氚(　　)。
A. 容易扩散　B. 容易渗透　C. 化学性质与氢相似　D. 容易挥发

---

① 扫描二维码获取习题答案。

放射性去污

9. 金属去污之后其表面保护膜受破坏可能会很快被重新污染，所以要(　　)。

A. 涂保护膜　　B. 涂覆漆层

C. 涂环氧树脂或沥青　　D. 作钝化处理

10. 放射性去污之后出现的再污染称为(　　)污染。

A. 二次　　B. 再生　　C. 感生　　D. 交叉

11. 高压射流去污的效果与(　　)等因素有关。

A. 喷力、功率、水温　　B. 喷力、距离、角度

C. 喷力、方向、位置　　D. 喷力、水量、水速

12. 干冰去污是高压喷射(　　)颗粒。

A. 深冷制成的冰　　B. 液氮制成的冰

C. 深冷的盐　　D. 二氧化碳(CO_2)

13. 干冰去污时要高度关注(　　)的伤害。

A. 辐射　　B. 冷冻　　C. 气溶胶　　D. 炸裂

14. 对于重水堆退役去污，要高度重视(　　)。

A. 重水的回收利用　　B. 重水的脱氚

C. 减少重水的损失　　D. 氚的辐射防护

15. 去污要警惕临界安全问题，因为去污过程会使残留的易裂变物质(　　)。

A. 溶出和集中起来　　B. 暴露出来　　C. 交换出来　　D. 沉淀出来

16. 废液槽罐去污，底部沉淀物中的(　　)要比上清液中含量高。

A. 铀/钍　　B. α 放射性核素　　C. 锶和铯　　C. 钴-60

17. 熔炼法对低水平污染的金属进行熔炼清污处理时，大部分核素(　　)。

A. 均匀分布铸锭中　　B. 进入炉渣中

C. 进入排气中　　D. 吸附在炉壁上

18. 去污场所若易裂变物质^{235}U 丰度大于(　　)就必须考虑核临界安全问题。

A. 0.7%　　B 1%　　C. 3%　　D. 5%

19. 高效微粒空气过滤器用来除去(　　),有很高除去污效力,去污率达到 99.97%。

A. 气流中粗粒粉尘　　B. 气流中细小颗粒粉尘

C. 废气中超细粉尘　　D. 废气中惰性气体

20. 某去污法去污率达到 99 %,其去污因子(去污系数)为(　　)。

A. 1 000　　B. 500　　C. 100　　D. 50

21. 一设备去污第 1 轮去污系数为 100,第 2 轮去污系数为 50,总去污系数为(　　)。

A. 150　　B. 500　　C. 1 000　　D. 5 000

22. 一先进去污法去污因子(去污系数)达到 10 000,其去污率为(　　)。

A. 99 %　　B. 99.5 %　　C. 99.9 %　　D. 99.99 %

23. 去污工艺做完全一样的重复性去污,后续每次的去污率是(　　)。

A. 一样的　　B. 越来越低　　C. 时好时坏　　D. 差不多

24. 放射性废气和废液经过净化处理,检测合格后可(　　)排入环境。

A. 稀释　　B. 自由　　C. 定期　　D. 受控

25. 废气、废液经过净化处理后,大体积的废气和废液可以(　　)。

A. 固化处理　　B. 衰变贮存

C. 向环境排放或返回工艺过程继续使用　　D. 渗入地下处置

26. 放射废气和废液经过净化处理后,大部分放射性核素(　　)。

A. 浓缩转移到高放废物中　　B. 浓缩转移到固体废物中

C. 已可排放出去　　D. 已被分离出去

27. 净化后的废气由烟囱排放,为监测净化效果,烟囱应设置(　　)。

A. 连续监测　　B. 取样监测

C. 连续监测和取样检测　　D. 报警监测

28. 净化后流出物的排放连续监测,实行(　　)监测。

A. 放射性浓度　　B. 放射性活度和流量

C. 流速和流量　　D. 比活度和活度

29. 为确定混凝土墙面、地面去污剥离厚度,重点检测(　　)。

A. 污染核素总活度　　B. 污染程度和污染深度

C. 污染核素的种类　　D. 污染物中易裂变物质

30. 对 α 污染区域的去污操作,辐射防护要特别重视(　　)。

A. 钚-239 活度浓度　　B. 临界事故应急响应

C. 内照射防护　　D. 钚子体 Am-241 的 γ 辐射

31. 核设施退役用的化学去污法多选用(　　)。

A. 酸和碱　　B. 络合剂

C. 淡化学试剂(软去污法)　　D. 浓化学试剂(硬去污法)

32. 核电站的废液多用废树脂进行净化处理,旧的废树脂通常(　　)。

A. 可再生使用　　B. 可与新树脂混合使用

C. 可再循环再利用　　D. 不再生

33. 废水净化处理产生的浓缩液可进行(　　)。

A. 稀释后排放　　B. 离子交换处理

C. 膜技术处理　　D. 固化处理

34. 要用离子交换处理净化的废液必须(　　)。

A. 放射性水平低　　B. 量少

C. 含盐量低　　D. 要连续遥控运行

35. 废水处理为了提高离子交换器使用寿命和净化效力,常设(　　)。

A. 预过滤器和后过滤器　　B. 前置过滤器

C. 后置过滤器　　D. 报警装置

36. 废水和废气净化处理必须防止交叉污染,废物应该(　　)。

A. 分类收集　　B. 分类存放

C. 分类处理　　D. 分类收集和分类存放

37. 焚烧炉尾气净化的目的为(　　)。

A. 提高燃烧完全度　　B. 防止燃爆

C. 减少焚烧设备腐蚀　　D. 达标排放

38. 惯例放射性去污用得最多的场合是(　　)。

A. 核电站运行　　B. 核研究活动　　C. 核事件/事故　　D. 核设施退役

39. 生物去污适用的植物是(　　)。

A. 灌木　　B. 乔木

C. 常青树　　D. 耐旱的仙人掌类植物

40. 习惯常用的 D & D 指的是(　　)。

A. Desalt & Dewater 脱盐脱水

B. Decommissining & Decontamination 去污和退役

C. Demixing & Deposit 分层和沉淀

D. Desulfate & Denitrate 脱硫和脱硝

41. 可剥离膜的作用除了去污外,还有(　　)作用。

A. 降低外照射　　B. 阻止核素内渗　　C. 防止污染　　D. 屏蔽辐射

42. 废金属熔炼去污获得的铸锭可放心地(　　)。

A. 无限制释放出去　　B. 在核工业中使用

C. 作为商品出售　　D. 再循环/再利用

43. 反应堆去污前运走乏燃料应选用(　　)。

A. 例外货包　　B. C 型货包　　C. B 型货包　　D. 工业货包

44. 废物货包表面污染限值为(　　)。

A. β/γ 和低毒性<1 Bg/m^2,$\alpha<0.1$ Bg/m^2

B. β/γ 和低毒性<4 Bg/m^2,$\alpha<0.4$ Bg/m^2

C. β/γ 和低毒性<1 Bg/m^3,$\alpha<0.1$ Bg/m^3

D. β/γ 和低毒性<0.4 Bg/m^3,$\alpha<0.04$ Bg/m^3

45. 废物货包的表面剂量率应不大于(　　),否则要加屏蔽或远距离操作。

A. 0.1 mSv/h　　B. 0.5 mSv/h　　C. 1.0 mSv/h　　D. 2.0 mSv/h

46. 焚烧炉尾气清除二噁英十分重要,急骤冷却法从高于 1 000 ℃迅速降到(　　),避开生成二噁英温度阶段。

A. 200 ℃　　B. 400 ℃　　C. 600 ℃　　D. 800 ℃

47. 废水和废气净化后的排放是受控制的,我国排放执行(　　)双重控制。
A. 浓度、流量　B. 活度、总量　C. 浓度、总量　D. 活度、流量

48. 石墨重水堆的退役需要关注的特殊问题为(　　)。
A. 重水　B. 氚　C. 乏燃料　D. 废石墨

49. 我国核行政法规由(　　)批准和发布。
A. 国家主席　B. 人大常委会　C. 国务院　D. 各部委

50. 放射性废物是含有放射性核素的浓度或活度大于(　　)水平,并预期不再使用的物质。
A. 豁免　B. 审管机构确定的清洁解控
C. 审管机构规定　D. 解控

51. 放射性废物管理是包括废物的产生、处理、整备、运输、贮存和处置在内的(　　)。
A. 所有行政活动　B. 所有技术活动
C. 所有行政和技术活动　D. 所有管理工作

52. 放射性废物管理必须重视废物产生和管理各阶段间的相互依存关系,实施(　　)管理。
A. 分级　B. 分区　C. 全过程　D. 有组织

53. 放射性废物管理的保护后代原则是指对后代(　　)。
A. 没有任何影响
B. 预计的健康影响不大于当今可接受的水平
C. 没有遗传影响
C. 预计的潜在影响为零

54. 放射性核素以固有的特性按指数规律自发衰变,使(　　)并伴随放出粒子或射线。
A. 放射性元素结构和内部能量发生改变　B. 分子结构和内部能量发生改变
C. 物质结构和内部能量发生改变　D. 核结构和内部能量发生改变

55. 三同时制度是指与核设施相配套的放射性污染防治设施,应当与主体工程(　　)。
A. 同时选址、同时建造、同时投入使用　B. 同时设计、同时建造、同时竣工验收
C. 同时设计、同时施工、同时投入使用　D. 同时设计、同时施工、同时竣工验收

56. 按 IAEA 和 OECD/NEA(1989)建立的核事件分级体系(INES),定为(   )。

A. 1~2 级为事件,3~7 级为事故　　B. 1~3 级为事件,4~7 级为事故

C. 1~4 级为事件,5~7 级为事故　　D. 1~5 级为事件,6~7 级为事故

57. α 废物单个货包中长寿命 α 辐射放射性核素活度大于(   )。

A. 4×10^{6} Bq/kg　　B. 4×10^{5} Bq/kg

C. 4×10^{6} Bq/g　　D. 4×10^{6} Bq/cm^{3}

58. 国际上一致同意的豁免准则是(   )。

A. 对公众成员有效剂量低于 10 mSv/a,所引起的年集体有效剂量不超过 1 人 · Sv

B. 对公众成员有效剂量低于 10 μSv/a,所引起的年集体有效剂量不超过 1 人 · Sv

C. 对公众成员有效剂量低于 10 μSv/a,所引起的年集体有效剂量不超过 1 人 · mSv

D. 对公众成员有效剂量低于 10 mSv/a,所引起的年集体有效剂量不超过 1 人 · mSv

59. 清洁解控是废物低于或达到审管机构所规定的活度浓度限值之后(   )。

A. 排入大气或水体　　B. 进入社会使用

C. 进行豁免　　D. 解除审管

60. 铀及其化合物均为化学毒物,在常见各种铀化合物中,(   )的毒性最高。

A. UF_6　　B. UO_2　　C. 硝酸铀酰　　D. 重铀酸铵

61. 核电站的排放总量按季度控制,连续三个月内的排放总量不得超过目标值的(   )。

A. 四分之一　　B. 三分之一　　C. 二分之一　　D. 四分之三

62. 低、中放废液的贮存要严防(   )。

A. 辐解产物的燃爆　　B. 贮槽和输运管网的泄漏

C. 核临界安全事故　　D. 化学反应导致沉淀物的沉积

63. 低、中放废物固化体的性能中(   )是首要关注的性能指标。

A. 抗辐照性　　B. 抗压强度　　C. 抗浸出性　　D. 抗热性

64. 水泥固化的水化热可通过(   )的方式得以降低。

A. 通风　　B. 改变配方和加添加剂

C. 冷却　　D. 降低废物包容量

65. 放射性废物减容的技术很多,主要技术是(　　)。
A. 固化　　B. 熔炼　　C. 去污　　D. 焚烧

66. 废物压缩减容的基本机理是(　　)。
A. 提高废物整体密度　　B. 降低内能　　C. 无机化转变　　D. 降低内压

67. 废物压缩的效果与施加的压力是(　　)。
A. 呈正比关系
B. 在一定压力范围内压力增高,减容比提高
C. 呈指数关系
D. 减容比随压力增高而不断提高

68. 放射性废物焚烧炉的建设和运行必须(　　)。
A. 有较多的可燃废物量
B. 有技术保证
C. 有足够资源
D. 获得许可证

69. 焚烧炉炉灰需要进一步处理才能被处置,因为(　　)。
A. 炉灰中有许多放射性核素
B. 炉灰是弥散性物质
C. 炉灰中可能有多量铀和钚
D. 炉灰温度较高并容易吸潮

70. 高放玻璃固化体浇注后需要贮存 30~50 年,主要是为了(　　)。
A. 使核素衰变完
B. 等待处置
C. 冷却固化体
D. 凝固成形

71. 核设施退役的终态目标是(　　)。
A. 无限制或有限制开放或使用场址
B. 完全拆除厂房
C. 处置完废物
D. 拆掉所有设备

72. 核燃料循环前段工厂宜优先采取(　　)退役策略。
A. 立即拆除　　B. 延缓拆除　　C. 就地埋葬　　D. 监督贮存

73. 核研究中心的研究堆和大中型加速器的退役优选(　　)策略。
A. 延缓拆除　　B. 立即拆除　　C. 就地埋葬　　D. 监督贮存

74. 核设施退役工程的责任者和执行者是(　　)。
A. 核设施主管部门
B. 核设施主管部门和营运者
C. 核设施营运者
D. 核设施承包商

75. 近地表处置一般认为隔离(　　)就可以达到安全水平。

A. 100 年　　B. 1 000 年　　C. 300~500 年　　C. 50~100 年

76. 需要采取深地质处置的废物为(　　)。

A. 极毒废物　　B. 高放废物

C. 有临界危险废物　　D. 危害性大的废物

77. 放射性核素的释出和迁移主要是受(　　)的作用。

A. 降解　　B. 水　　C. 释热　　D. 辐解气体

78. 废物处置场达到设计和许可证规定的废物体积或活度后,可进入(　　)。

A. 退役阶段　　B. 验收阶段　　C. 关闭阶段　　D. 场址清污

79. 近地表处置场覆盖层(顶盖)2~5m 厚,这是(　　)。

A. 植被的绿化带　　B. 混凝土构筑物

C. 防动植物闯入的构筑　　D. 不同材料构成的多层结构

80. 废物处置场关闭后的行政控制,包括(　　)。

A. 主动监护和非主动(被动)监护　　B. 场内监护和场外监护

C. 常规监护和非常规监护　　D. 有限制监护和无限制监护

81. 废物处置场关闭后的监测布点、监测内容和频度要(　　)。

A. 合理

B. 最少化

C. 讲究实效,不给后代和国家带来不适当负担

D. 精简

82. 放射性废物最小化是指(　　)可能实现的尽可能少。

A. 废物量　　B. 废物活度

C. 废物量和活度　　D. 要处理和处置的废物

83. 要达到废物最小化,应注重(　　)。

A. 源项调查　　B. 从源头减少废物的产生

C. 防止交叉污染　　D. 再循环再利用

84.《放射性同位素与射线装置安全与防护条例》将射线装置分为(　　)。

A. Ⅰ、Ⅱ、Ⅲ、Ⅳ、Ⅴ类　　B. Ⅰ、Ⅱ、Ⅲ、类

C. 一、二、三、四个等级　　D. 1、2、3、4、5、6、7 级

85.《放射性同位素与射线装置安全与防护条例》根据放射源对人体健康和环境潜在危害程度,将放射源分为(　　)。

A. 极度危险、高度危险、危险、低危险、极低危险

B. Ⅰ类、Ⅱ类、Ⅲ类、Ⅳ类、Ⅴ类

C. 特别重大、重大、较大、一般

D. 事故(4~7 级)、事件(1~3 级)、偏离(0 级)

86. 原子序数大于 92 的元素称为(　　)。

A. 锕系元素　　B. 超铀元素

C. 超重元素　　D. 稀有元素

87. 核素 ^{110}Ag 和 ^{110m}Ag 是(　　)。

A. 活化产物　　B. 裂变产物

C. 同质异能素　　D 同质异位素

88. 铀和钚同属于(　　)

A. 易裂变核素　　B. 极毒元素

C. 可裂变核素　　D. 锕系元素

89. ^{226}Ra 和 ^{222}Rn 较多出现在(　　)。

A. 核燃料循环过程　　B. 铀(钍)采矿

C. 核燃料循环后段工厂　　D. 前处理各工厂

90. 液体过滤器芯的更换常依据(　　)。

A. 过滤器进出口压差　　B. 设计寿命

C. 使用时间　　D. 发现有泄漏或破损

91. 蒸发处理废液的优点是(　　)。

A. 有较高去污因子和浓缩倍数　　B. 设备使用寿命长

C. 操作方便　　D. 工艺简单

92. 离子交换处理废液的优点是(　　)。

A. 使用寿命长　　B. 操作较简单,可遥控操作

C. 二次废物少且易处理　　D. 适于处理的废液种类多

93.《中华人民共和国放射性污染防治法》和《电离辐射防护与辐射源安全基本标准(GB 18871—2002)》均规定了废液应该采用(　　)排放。

A. 连续　　B. 在线监测

C. 槽式　　D. 取样监测

94. 废液槽式排放要求(　　)。

A. 先在槽中进行稀释　　B. 排出后取样分析

C. 分析合格者才能排放　　D. 分析不合格者要衰变贮存

95. 高放废液的活度浓度高于(　　)。

A. 4×10^{10} Bq/m^3　　B. 2 kW/cm^3

C. 4×10^{10} Bq/L　　D. 2 kW/m^3

96. 高放废物的释热率大于(　　)。

A. 2 kW/cm^2　　B. 2 kW/cm^3

C. 2 kW/kg　　D. 2 kW/m^3

97. 核电站废水中,下列核素中应关注的是(　　)。

A. 铀、镭、氡　　B. 氪、氚、碘

C. 钴、铯、氚　　D. 铀、钚、镎

98. 核电站低、中放固体废物中,下列元素中应关注的是(　　)。

A. 氚和碘　　B. 铀和钚

C. 镭和氡　　D. 锶和铯

99. 铀矿冶中最应关注的元素是(　　)。

A. 氚　　B. 碘和氚

C. 锶和铯　　D. 镭和氡

100. 不同核素的毒性差别很大,以下核素中(　　)属于极毒组。

A. ^{239}Pu,^{226}Ra　　B. ^{90}Sr,^{137}Cs

C. ^{60}Co,^{238}U　　D. ^{14}C,^{3}H

101. 运输乏燃料应选用(　　)。

A. 例外货包　　B. C 型货包

C. B 型货包　　D. 工业货包

102. 排放是受控制的,我国排放执行(　　)双重控制。

A. 浓度、流量　　B. 活度、总量

C. 浓度、总量　　D. 活度、流量

103. 放射性废物减容的技术很多,主要有(　　)。

A. 固化和固定　　B. 分拣和解控

C. 去污和熔炼　　D. 焚烧和压缩

104. 焚烧炉的炉灰需要固化处理后才能处置,因为其(　　)。

A. 放射性很强　　B. 毒性很大

C. 温度很高　　D. 是一种弥散性物质